AF328235

PIECE

QUI A REMPORTÉ

LE PRIX

DE L' ACADEMIE IMPERIALE

DES SCIENCES

DE St. PETERSBOURG

proposé

En M. DCCL.

SUR LA QUESTION

Si toutes les inegalités, qu' on a observées dans le mouve-
ment de la Lune, s' accordent avec la Theorie New-
tonienne ou non? & quelle est la vraie Theorie de
toutes les inegalités, dont on peut deduire exactement
pour un instant quelconque proposé le lieu de la Lune?

A St. PETERSBOURG

de l' Imprimerie de l' Acad. Imperiale des Sciences

1 7 5 2.

THEORIE
DE LA LUNE
DEDUITE
DU SEUL PRINCIPE
DE L'ATTRACTION
RECIPROQUEMENT PROPORTIONELLE
AUX QUARRÉS DES DISTANCES.

Par M. CLAIRAUT,

des Academies Roiales de France, d' Angleterre, de Pruſſe,
de Suede & de l' Inſtitut de Bologne.

THEORIE
DE LA LUNE
DEDUITE
DU SEUL PRINCIPE
DE L'ATTRACTION
RECIPROQUEMENT PROPORTIONELLE
AUX QUARRÉS DES DISTANCES.

Par M. CLAIRAUT,

des Academies Roiales de France, d' Angleterre, de Pruffe,
de Suede & de l' Inftitut de Bologne.

Imprimatur

Cyrillus Comes de Rasumowsky.

THEORIE
DE LA LUNE.

Qua causa argentea Phoebe
Passibus haud aequis graditur, cur subdita nulli
Hactenus astronomo numerorum fraena recuset:
Cur remeant nodi, curque auges progrediuntur.
Edm. Halley.

DISCOURS PRELIMINAIRE.

MAlgré la quantité de belles recherches qui ont paru dans ces derniers
tems fur la caufe des irregularités de la Lune,
il faut convenir que la Theorie de l' attraction, fur la quelle ces recherches font toutes fondées, n'a pas encore reçu toute la lu-
miere qu' elle devoit tirer d' un fujet auffi
important.   Un des points les plus effen-

A 3

tiels qu'il embraffe, la revolution de l'Apo‑
gée de la Lune, a caufé des difcuffions très
delicates & a donné l' occafion de propofer
des fupplemens à la Loi generale des For‑
ces. A la verité l' un des Mathematiciens
qui avoit eû recours à ces expediens s'.eft
retraƈté, & a annoncé qu' il avoit trouvé
le moien de tirer de fa Theorie le vrai
mouvement de l' Apogée fans employer
d' autre force que celle qui fuit la propor‑
tion inverfe du quarré des diftances. Mais
outre que fa folution n' eft pas publique l'
examen des autres difficultés que renferme
la Theorie de la Lune demande que toute
la Queftion foit reprife en entier, fi l' on
veut repondre d' une maniere fatisfaifante
aux vuës qu' a eues l' Academie Impériale
de Ruffie, en propofant le fujet qu'elle doit
delivrer l' année prochaine.   Animé par le
defir de plaire à cette Sçavante Compagnie
j' ai traité la matiere auffi à fond qu' il m' a
été permis de le faire dans le tems qu' elle
a prefcrit. Il m' a paru que la feule maniere

de faire connoître decifivement la jufteffe ou l' infuffifance des principes Newtoniens pour cette partie du fyfteme du Monde, etoit de tirer d' une folution generale, où le Probleme fut pris mathematiquement & fans emploïer que les donneés neceffaires, des formules generales, par les quelles on pût trouver le lieu de la Lune pour un inftant quelconque propofé. J'ai taché de furmonter toutes les difficultés du calcul qu'exigeoit un tel projet, & j' y fuis parvenu fi heureufement que les Tables que j' ai tiré de ma Theorie s'accordent mieux avec les obfervations que toutes celles que les Aftronomes ont employées jusqu' à prefent, quoiqu' elles fuffent toutes fondées fur des recherches Aftronomiques, qui etoient le fruit d' une longue fuite d' obfervations.

PREMIERE PARTIE.

Où l'on donne la maniere de trouver le lieu de la Lune dans fon Orbite.

I.

LEMME I.

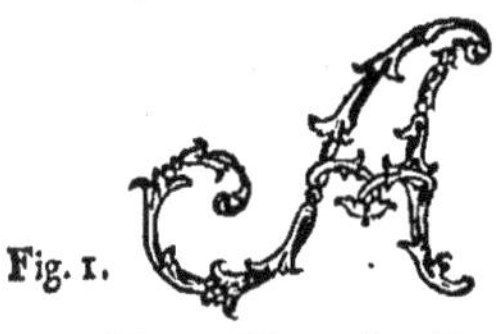

YANT pris fur une droite quelconque deux parties infinement petites & égales Mm, mn *& tiré des points* M, m, n *à un point donné* T, *les droites* TM, Tm, Tn, *je dis que* Tn *fera egal à* $TM + 2d(TM) + TM(M\,T\,m)^2$ *& que* $mTn = MTm - \frac{2d(TM)\,MTm}{TM}$.

II.

PROBLEME I.

On demande l'equation d'une courbe M m μ *decrite par un corps jetté avec une viteffe & fuivant une direction quelconque en fuppofant ce corps foumis à l'action de deux forces, l'une* Σ *tendante vers un centre* T, *l'autre* Π *perpendiculaire à cette direction.*

M *m* étant un petit coté quelcopque de la courbe cherchée, *mn* la ligne egale à celle-là & placée fur fon prolongement que le corps parcourreroit fans les forces Σ & Π, on prendra fur la droite *n*T tirée au centre des forces Σ, la petite

par-

partie no pour exprimer l' effet de la force Σ vers ce centre, fur la perpendiculaire à nT, la petite partie $o\mu$ pour exprimer l' effet de la force Π ; par ce moyen μm fera le coté de la courbe cherchée fubfequent au coté Mm.

Cela fait, on nommera r le rayon vecteur TM ; v l' angle que ce rayon fait avec un axe TB donné de pofition ; & dx le tems infinement petit employé à parcourir chacun des cotés Mm, $m\mu$. Par le Lemme precedent on aura $Tn = r + 2dr + rdv^2$ & $mTn = dv - \frac{2drdv}{r}$ & comme $T\mu = r + 2dr + ddr$ & $mT\mu = dv + ddv$, il eft clair que la petite droite no aura pour expreffion $rdv^2 - ddr$, de même l' angle $oT\mu$ fera exprimé par $ddv + \frac{2drdv}{r}$ & par confequent la droite $o\mu$ par $rddv + 2drdv$. Or comme les efpaces parcourus ont pour expreffions les forces mêmes multipliées par les quarrés des tems, on aura les equations $rddv + 2drdv = \Pi dx^2$ & $rdv^2 - ddr = \Sigma dx^2$ pour determiner tant la courbe Mm que le tems employé à la parcourir.

III.

PROBLEME II.

Suppofant que la premiere des deux forces acoeleratrices celle qui pouffe vers le centre T foit compofée d' une partie $\frac{M}{rr}$ inverfement proportionelle au quarré de la diftance & d' une autre partie quelconque ϕ. On demande $1°$ d' exprimer la courbe Mm par une feule equation delivrée des dx. $2°$ que cette equation foit compofée d' une partie où l' on reconnoiffe la fection conique que la feule force $\frac{M}{rr}$ feroit decrire & d' une autre partie *ſeparée & ſous une forme finie qui contienne la correction qu' il faut faire pour les forces ϕ & Π. 3. L' expreſſion du tems employé a parcourir une partie quelconque de la courbe.*

§. 1. Par le Probl. précedent on a les deux equations
$$r\,ddv + 2\,dr\,dv = \Pi\,dx^2 \quad \& \quad r\,dv^2 - ddr = \left(\frac{M}{rr} + \phi\right) d\,x^2.$$
Je multiplie les termes de la 1ere par r & je les divise par dx ce qui me donne $\frac{rr\,ddv + 2\,r\,dv\,dr}{dx} = \Pi r\,dx$ donc l' integrale $\frac{r\,r\,dv}{dx} = f + \int \Pi r\,dx$. f etant une conſtante quelconque ajoutèe en integrant. Multipliant en ſuite les termes de cette equation par $\Pi r\,dx$ elle devient
$$\Pi r^2\,dv = f \Pi r\,dx + \Pi r\,dx \int \Pi r\,dx$$
donc l' integrale eſt
$$\int \Pi r^2\,dv = ff \Pi r\,dx + \tfrac{1}{2}\left(\int \Pi r\,dx\right)^2$$
(il ne faut point ici de conſtante) d' où l'on tire $f + \int \Pi r\,dx = \sqrt{f^2 + 2\int \Pi r^2\,dv}$ & par conſequent $dx = \frac{r\,r\,dv}{\sqrt{f^2 + 2\int \Pi r^2\,dv}}$ d' où l' on voit que lorsque la courbe ſera connue le tems le ſera auſſitôt.

§. 2. Reprenons maintenant l'equation $r\,dv^2 - ddr = \left(\frac{M}{rr} + \phi\right)dx^2$ & donnons lui cette forme $\frac{r\,dv^2}{dx^2} - \dfrac{d\left(\frac{dr}{dx}\right)}{dx} = \frac{M}{rr} + \phi$ afin d' y pouvoir faire conſtante celle des differeñtieles qu' on voudra.

Choiſiſſons dv pour conſtante & ſubſtituons à la place de $\frac{dv}{dx}$ & de $\frac{dr}{dx}$ leurs valeurs qui ſont $f\frac{\sqrt{1+2\varrho}}{rr}$ & $f\frac{dr\sqrt{1+\varrho}}{rr\,dv}$ en faiſant $\varrho = \int \frac{\Pi r^3\,dv}{f^2}$ on aura par ces ſubſtitutions
$$\frac{f^2(1+2\varrho)}{r^3} - \frac{f^2\,ddr(1+2\varrho)}{r^4\,dv} + \frac{2fd\,r^2(1+2\varrho)}{r^5\,dv^2} - \frac{f^2dr\,d\varrho}{r^4\,dv^2} = \frac{M}{rr} + \phi$$
que j'ècris ainſi $\frac{f^2}{r^3} - \frac{f^2\,d\,dr}{r^4\,dv^2} + \frac{2f^2dr^2}{r^5\,dv^2}. = \dfrac{\frac{M}{rr} + \phi + \frac{f^2\,dr\,d\varrho}{r^4\,dv^2}}{1 + 2\varrho}$

ou $\dfrac{\frac{M}{rr} + \phi + \frac{\Pi\,dr}{r\,dv}}{1 + 2\varrho}$ en mettant à la place de $f^2\,d\varrho$ ſa valeur

$\Pi r^3 dv$. Je transforme en ſuite cette nouvelle equation en $\frac{\frac{f^2}{Mr}dv^2 - \frac{f^2}{Mr^2}ddr + 2\frac{f^2 dr^2}{r^3 M}}{dv^2} = \frac{1 + \frac{\Phi rr}{M} + \frac{\Pi r dr}{M dv}}{1 + 2\varrho}$ ou $\frac{f^2}{Mr}dv^2 - d\left(\frac{f^2 dr}{Mr}\right) = 1 + \Omega$ en faiſant $\Omega = \frac{\frac{\Phi rr}{M} + \frac{\Pi r dr}{M dv} - 2\varrho}{1 + 2\varrho}$. Faiſant alors $\frac{f^2}{Mr} = 1 - s$ l' equation ſe reduit à $s + \frac{dds}{dv^2} + \Omega = 0$ que j' integre de la maniere ſuivante.

§. 3. Je la multiplie d' abord par $dv\,cof.\,v$ & elle devient $\frac{dds\,cof.\,v}{dv} + sdv\,cof.\,v + \Omega\,dv\,cof.\,v$ dont l' integrale eſt $\frac{ds}{dv}cof.\,v + s\,fin.\,v + \int\Omega\,dv\,cof.\,v = g$. g etant une conſtante quelconque. Je multiplie en-ſuite cette nouvelle equation par $\frac{dv}{cof.\,v^2}$ (qui eſt la même choſe que $d(tang.\,v)$) & j'ai $\frac{ds}{cof.\,v} + \frac{s\,dv\,fin.\,v}{(cof.\,v)^2} + \frac{dv}{(cof.\,v)^2}\int\Omega\,dv\,cof.\,v = \frac{g\,dv}{(cof.\,v)^2}$ dont l' integrale eſt $\frac{s}{cof.\,v} + tang.\,v\int\Omega\,dv\,cof.\,v - \int tang.\,v\,\Omega\,dv\,cof.\,v = g\,tang.\,v + c$, ou $s + fin.\,v\int\Omega\,dv\,cof.\,v - cof.\,v\int\Omega\,dv\,fin.\,v = g\,fin.\,v + h\,cof.\,v$ laquelle en remettant à la place de s ſa valeur devient $\frac{f^2}{Mr} = 1 - g\,fin.\,v - c\,cof.\,v + fin.\,v\int\Omega\,dv\,cof.\,v - cof.\,v\int\Omega\,dv\,fin.\,v$, & exprime l'equation cherchée de la courbe decrite par les forces $\frac{M}{rr} + \Phi$ & Π.

§. 4. La premiere partie $\frac{f^2}{Mr} = 1 - g\,fin.\,v - c\,cof.\,v$ de cette equation exprime la ſection conique qui ſeroit decrite par la ſeule force $\frac{M}{rr}$ & il eſt aiſé de voir par cette equation en lui donnant cette forme $\frac{f^2}{Mr} = 1 - \sqrt{gg + cc}\left(\frac{g}{\sqrt{gg+cc}}fin.\,v + \frac{h}{\sqrt{gg+cc}}cof.\,v\right)$ que le foyer doit être en T, que $\frac{f^2}{M}$ eſt le $\frac{1}{2}$ parametre de ſon grand axe, $\sqrt{gg + cc}$ le raport de ſon excentricité au demigrand axe, & que ſon axe eſt placé dans la ligne TC determinée en faiſant l' angle CTB egal à celui dont le ſinus eſt $\frac{g}{\sqrt{gg+cc}}$.

§. 5. Quant a la seconde partie de cette equation *sin. v* $\int \Omega \, dv \, cof.v - cof.v \int \Omega \, dv \, fin.v$ qui exprime la correction qu'il faut faire à la valeur $1 - g\,fin.v - c\,cof.v$ de $\frac{f^2}{M\,r}$ lorsqu'on veut avoir égard aux forces Π & Φ, il est evident qu' elle donnera tout de suite & sans rien negliger la correction cherchée lorsque Φ & Π seront exprimées de manière que Ω ou $\dfrac{\frac{\Phi\,rr}{M} + \frac{\Pi\,r\,dr}{M\,dv} - 2\int\frac{\Pi\,r^3\,dv}{f^2}}{1 + 2\int\frac{\Pi\,r^3\,dv}{f^2}}$ ne dependra que de l'angle v & qu' elle fournira un moien de connoître cette correction par approximation de constantes, & quelles que soient les valeurs de Π & Φ pour vû qu'on connoisse d'abord à peu près l'orbite, en substituant dans Ω à la place de r sa valeur tirée de la supposition faite pour la nature de cette orbite.

IV.

PROBLEME III.

Determiner f, g, h *par ces conditions que le corps parte d'un lieu quelconque avec une vitesse & suivant une direction données.*

Que r soit $= b$ lorsque v est $= a$ & qu' on ait en même tems q pour l'angle que fait le petit coté de la courbe avec le raïon, la vitesse au même lieu étant celle que le corps acquerroit en tombant de la hauteur i pendant qu'il seroit sollicité par la force constante $\frac{M}{bb}$ que le corps eprouve au point de depart lorsqu' on n'a point d'égard aux forces Π & Φ.

$\frac{\sqrt{2\,M\,i}}{b}$ sera ainsi la vitesse du cops au point de depart & par consequent $\frac{\sqrt{2\,M\,i}}{b}\,fin.q$ sera la vitesse dans la couche circulaire qui passeroit par le même point, ou ce qui revient au même $\frac{r\,dv}{dx}$ fera $\frac{\sqrt{2Mi}}{b}$ *fin.* q ou $q\sqrt{2Mi}$. Pour determiner maintenant les deux lettres f & g il faut faire en forte que v etant a, r foit $= b$, & $\frac{dr}{r\,dv} = cotang.\ q$ c'eft à-dire qu'il faut fubftituer dans les equations $2i\frac{(fin.\ q)^2}{r} = 1 - g\,fin.\,v - c\,cof.\,v$ & $-2i\frac{(fin.\ q)^2}{rr\,dv}\,dr = -g\,cof.\,v + c\,fin.\,v$ à la place de v, a; à la place de r,b; & à la place de $\frac{dr}{r\,dv}$, $cot.\ q$.

Par ce moyen elles donneront $\frac{2i(fin.\ q)^2}{b} = 1 - g\,fin.\,a - c\,cof.\,a$ & $-\frac{2i(fin.\ q)^2\,cot.\,q}{b}$ ou $-\frac{2i\,fin.\,q\,cof.\,q}{b}$ ou $-\frac{i}{b}\,fin.\,2q = -g\,cof.\,a + c\,fin.\,a$.

Tirant de la feconde $g = \dfrac{c\,fin.\,a + \frac{i}{b}\,fin.\,2q}{cof.\,a}$ & le fubftituant dans la première on aura

$$1 - \frac{2i}{b}(fin.\ q)^2 - c\,cof.\,a = \frac{c(fin.\,a)^2 + \frac{i}{b}\,fin.\,2q\,fin.\,a}{cof.\,a}$$

d'où l'on tire $c = cof.\,a - \frac{i}{b}\,cof.\,a + \frac{i}{b}(cof.\,2q\,cof.\,a - fin.\,2q\cdot fin.\,a)$ ou $c = (1 - \frac{i}{b})\,cof.\,a + \frac{i}{b}\,cof.\,(2q+a)$ & remettant cette valeur de c dans celle de g on aura

$$g = \frac{(1 - \frac{i}{b})\,cof.\,a\,fin.\,a + \frac{i}{b}\,cof.\,(2q+a)\,fin.\,a + \frac{i}{b}\,fin.\,2q}{cof.\,a}$$

ou

$$g = (1 - \frac{i}{b})\,fin.\,a + \frac{i}{b}\,fin.\,(2q+a)$$

V.

LEMME II.

La quantité fin. $v\int \Omega$ cof. $v\,dv -$ cof. $v\int \Omega$ fin. $v\,dv$ *(que nous nommerons deformais* Δ *pour abreger) eft egale à* $\frac{1}{mm-1}$ cof. $v - \frac{1}{mm-1}$ cof. mv *lorsque* $\Omega = $ cof. mv *eft le cofinus d'un multiple* mv *de l'angle* v.

Cette propofition eft facile à demontrer en emploiant les valeurs fi connues aujourd'hui $\dfrac{c^{z\sqrt{-1}} - c^{-z\sqrt{-1}}}{2\sqrt{-1}}$ et $\dfrac{c^{z\sqrt{-1}} + c^{-z\sqrt{-1}}}{2}$ du finus & du cofinus d'un angle z.

Mais on y peut parvenir beaucoup plus fimplement par les Theoremes fuivans que tous les Geometres connoiffent. A & B etant deux angles quelconques.

$$Sin.\,A\,fin.\,B = \tfrac{1}{2}\,cof\,(A-B) - \tfrac{1}{2}\,cof.\,(A+B)$$
$$Sin.\,A\,cof.\,B = \tfrac{1}{2}\,fin.\,(A+B) + \tfrac{1}{2}\,fin.\,(A-B)$$
$$Cof.\,A\,cof.\,B = \tfrac{1}{2}\,cof.\,(A-B) + \tfrac{1}{2}\,cof.\,(A+B)$$
$$d(cof.\,A) = -d\,A\,fin.\,A; \quad d(fin.\,A) = d\,A\,cof.\,A$$

Le célébre Mr. Euler, à qui les Mathematiques font redevables de tant d'artifices de calcul, eft le premier que je fache qui fe foit paffé des valeurs des finus fous la forme imaginaire & qui ait penfé à avoir recours aux Theoremes que je viens de citer.

VI.

Il eft aifé de voir par le Lemme que je viens de donner, combien le calcul peut être fimplifié dans l'ufage de la folution précedente, car fi l'on reduit, ainfi que cela eft toujours faifable dans la recherche des mouvemens des *Planetes, la valeur de Ω à une fuite de termes $A\,cof.\,m v + B\,cof.\,n v + $ &c. la quantité Δ dans la quelle confifte la partie inconnue de l'equation de l'orbite fera auffitôt determinée & fera une fuite de même efpece:

Delà il fuit que lorsque l'on aura fixé le nombre de termes de la valeur de Ω, qui dans certains cas peut être affez confiderable, on n'aura point à craindre que l'equation de l'orbite en acquiere un plus grand &

d' une autre nature, ce qui ne manqueroit gueres d' arriver en fuivant d' autres methodes. Chaque efpece de termes de la valeur de Ω n' introduira jamais dans l' equation de l' orbite qu' un terme femblable dont le coefficient fera très facile à determiner & de plus un terme affecté de *cof.* v qui fe joindra à celui de même efpece que contient la premiere partie de l' equation de l' orbite, celle qui exprime la fection conique que l' on auroit eû fans les forces perturbatrices.

Pour rendre plus fenfible ce que je viens de dire & pour avoir une formule à la quelle puiffent fe reduire tous les calculs de la même nature dont nous pourrons avoir befoin par la fuite, nous fuppoferons que A *cof.* $m v$ $+ B$ *cof.* $n v +$ &c. repréfente la valeur de Ω & nous reprendrons l' equation de l' orbite determinée Art. III. §. 3. dans la quelle 1°. nous mettrons p à la place de $\frac{f^2}{M}$ ou du demi-parametre de l' ellipfe qui auroit été décrite fans les forces perturbatrices. 2°. Nous ferons $g = 0$ ce qui revient au même que de fuppofer l' orbite perpendiculaire à fon raion vecteur à fon origine, fuppofition très permife, puifqu' on peut faire commencer le mouvement de quel point l' on veut.

Par ce moien l' equation générale de l' orbite, qui eft alors $\frac{1}{r} = \frac{1}{p} - \frac{c}{p}$ *cof.* $v - \frac{1}{p}\Delta$ deviendra dans cette fuppofition de Ω $\frac{1}{r} = \frac{1}{p} - \frac{1}{p}\left(c - \frac{A}{m^2-1} - \frac{B}{n^2-1} - \text{\&c.}\right)$ *cof.* $v - \frac{A\,cof.\,m v}{p(mm-1)}$ $- \frac{B\,cof.\,n v}{p(nn-1)} - $ &c.

VII.

Si la valeur de Ω renfermoit des termes tels que *cof.* v, on ne pourroit pas trouver par le Lemme precedent ceux qui en refulteroient dans la quantité Δ, parceque la formule $\frac{cof.\,v - cof.\,mv}{mm-1}$ ne donne rien dans le cas de $m=1$. Mais en reprenant les quantités $\int \Omega\,cof.\,v\,dv$ & $\int \Omega\,fin.\,v\,dv$ qui font en ce cas $\int (cof.\,v)^2 dv$, & $\int fin.\,v.\,cof.\,v\,dv$, ou $\int (\frac{1}{2} + \frac{1}{2} cof.\,v)\,dv$ & $\int \frac{1}{2} fin.\,2\,v\,dv$ ou $\frac{1}{2} v + \frac{1}{4} fin.\,2\,v$, & $-\frac{1}{4} cof.\,2\,v + \frac{1}{4}$ on trouvera alors que Δ a pour valeur $\frac{1}{2} v\,fin.\,v + \frac{1}{4} fin.\,v\,fin.\,2\,v + \frac{1}{4} cof.\,v\,cof.\,2\,v - \frac{1}{4} cof.\,v$, qui fe reduit à $\frac{1}{2} v\,fin.\,v$.

On voit par là que lorsque Ω renfermera des termes de cette efpece, l'equation de l'orbite contiendra des angles v & quelques petits que foient les termes où ils entrent, ils peuvent donner les plus grandes corrections à la valeur de r, lorsqu' on fuppofera l'angle v d'un grand nombre de revolutions. Ainfi fi l'on n'a rien negligé en determinant Ω on fera fûr que l'orbite s'ecartera à la fin fort confiderablement d'une Ellipfe & changera entierement de forme. Si on a negligé quelques quantités on ne pourra pas former la même affertion, mais il faudra au contraire ne compter fur l'exactitude de la folution précedente que pendant un petit nombre de revolutions. Heureufement dans la Theorie des Planetes on peut toûjours fe paffer de tels termes, ainfi que l'on le verra par la fuite de ce memoire.

VIII.

Lorsqu' il entrera dans Ω quelque cofinus d'un multiple de v très peu different de l'unité, il en refultera dans l'equation de l'orbite un terme dont le coefficient fera beaucoup plus confiderable à caufe du divifeur m^2-1, il faudra donc avoir grande attention à tous les termes de cette nature & y porter bien plus de fcrupule que dans les autres par rapport aux fractions qu' on negligera.

IX.

IX.

Les Cofinus de multiples de v exprimés par des nombres fort differens de l' unité permettront au contraire de negliger beaucoup de fractions dans les calculs.

X.

Quant aux Cofinus d' un très petit multiple de v, ils ne changeront presque pas en paffant de Ω dans Δ mais ils demanderont cependant autant d' attention que ceux qui diffèrent peu de l' unité, à caufe que quand on paffera de la valeur de $\frac{1}{r}$ à celle du tems, ces termes qui en produiront toûjours de même efpece qu' eux, fubiront dans l' integration une divifion par la même petite fraction du multiple de v, & ainfi ils y pourront encore donner des termes confiderables dans l' expreffion du tems. La plus grande difficulté de la Theorie de la Lune roule fur l' examen de ces fortes de termes & en ce point elle me paroit furpaffer celle de Saturne.

XI.

Nous avons vû article III. §. 5 que lorsque la valeur de Ω fera donnée exactement par une fonction de v on aura auffitôt la vraie equation de l' orbite cherchée. Nous ajouterons ici que dans plufieurs cas où Ω feroit compofée d' autres quantités, on pourroit encore trouver cette equation fans rien negliger, pourvû qu' on foupçonnat feulement la forme de ces termes.

Pour en donner un exemple bien fimple, nous prendrons le cas où la force ϕ jointe à celle qui agit vers le centre en raifon renverfée du quarré des diftances, eft ex-

primée par $\frac{b\,\mathrm{M}}{r^3}$ & où la force $\pi = 0$ ce qui, comme l'
on fait, doit nous faire arriver à la même conclusion que
Mr. Newton a trouvée dans la Prop. 45. du pr. liv. de
ses principes, en traitant du mouvement des Apsides.

Dans cette supposition Ω se reduira simplement à
$\frac{\overset{\bullet}{r}\,r}{\mathrm{M}}$ & sera partant $\frac{b}{r}$, qu'il faut donc substituer dans la
quantité Δ. Supposons maintenant que la valeur cherchée
de $\frac{1}{r}$ soit $\frac{1}{k} - \frac{e}{k}$ $cof.$ $m\,v$ qui renferme une généralisation
de l'equation $\frac{1}{r} = \frac{1}{p} - c\,cof.\,v$ par la quelle l'orbite seroit exprimée sans l'addition de la force $\frac{\mathrm{M}\,b}{r^3}$. Et cher-
chons à determiner les quantités k, e, m. par le moyen
de ce qui a eté enseigné dans l'Art VI. Ω ou $\frac{b}{r}$ etant
alors $\frac{b}{k} - \frac{e\,b}{k}$ $cof.$ $m\,v$. On n'aura qu'à faire $-\frac{e\,b}{k} = \mathrm{A}$;
$\mathrm{B} = \frac{b}{k}$, $n = 0$ & l'equation generale de cet article devien-
dra $\frac{1}{r} = \frac{1}{p}(1 + \frac{b}{k}) - \frac{1}{p}(c + \frac{b\,e}{k\,(mm-1)} + \frac{b}{k})$ $cof.$ $m\,v +$
$\frac{b\,e}{pk\,(mm-1)}$ $cof.$ $m\,v$.

Présentement il est clair que la supposition de $\frac{1}{r} =$
$\frac{1}{k} - \frac{e}{k}$ $cof.$ $m\,v$ sera justifiée & que l'orbite cherchée sera
determinée exactement si l'on peut identifier cette equa-
tion avec celle qu'on vient de trouver; or c'est ce qui ne
demande autre chose que de faire $\frac{1}{p}(1 + \frac{b}{k}) = \frac{1}{k}$,
$c + \frac{b\,e}{k\,(m^2-1)} + \frac{b}{k} = 0$, $\frac{b\,e}{pk\,(m^2-1)} = \frac{e}{k}$, ou ce qui revient
au même $m^2 = 1 - \frac{b}{p}$, $k = p - b$, $e = \frac{c\,.(p-b)+b}{p}$. Ainsi
l'on voit que l'effet de la force $\frac{b\,\mathrm{M}}{r^3}$ ajoutée à $\frac{\mathrm{M}}{r\,r}$ est de
changer la section conique exprimée par $\frac{1}{r} = \frac{1}{p} - c\,cof.\,v$
en une courbe dont les raions vecteurs r sont les mêmes
que ceux d'une section conique exprimée par $\frac{1}{r} = \frac{1}{p-b}$
$-\frac{c\,.(p-b)+b}{p}$ $cof.\,v$ pendant que ces angles v sont aug-

mentés dans la raifon de m ou $\sqrt{(1-\frac{h}{p})}$ à 1 ; ou ce qui revient au même que la force $\frac{h}{r^3}$, outre le changement de parametre & de l'excentricité de la fection conique indiqués par les equations precedentes, donne à l'apfide un mouvement qui eft à celui de la Planete comme $\sqrt{(1-\frac{h}{p})}-1$ à 1.

XII.

Au refte il faut avouer qu'on trouvera peu de cas où l'on parvient avec la même facilité à determiner la vraie Equation de l'orbite, & que l'on en eft bien cloigné pour celle des Planetes. Mais la methode precedente n'en fera pas d'un ufage moins réel en donnant une conftruction de ces orbites par une approximation auffi exacte qu'on voudra. Car cette methode eft non feulement applicable lorsqu'on a la forme des termes de l'equation, mais elle eft propre à determiner cette forme elle même.

En faifant ufage de cette methode comme on n'a befoin d'abord que de connoitre à peu près l'orbite pour determiner la quantité $\cdot \Omega$ il fembleroit qu'il fuffiroit de prendre pour fon Equation $\frac{1}{r} = \frac{1}{p} - \frac{c}{p}$ $cof.$ v qui eft celle de l'Ellipfe, qu'on auroit fans les forces perturbatrices ϕ & Π. Mais il eft aifé de voir que cette fuppofition eft trop eloignée de la verité puisqu'elle exprime une Ellipfe immobile fort differente de l'orbite réelle qui fe meut & qui après une demie revolution de l'apfide, s'ecarteroit affés de l'orbite immobile pour rendre le raion vecteur trop grand ou trop petit d'une quantité égale au double de l'excentricité.

Afin donc d'approcher du but, autant qu'il eft poffible du premier coup, il faudra en determinant Ω prendre pour $\frac{1}{r}$ une quantité comme $\frac{1}{k} - \frac{c}{k}$ $cof.$ $m v$ qui feroit fa valeur dans une ellipfe mobile, telle que font à peu près toutes les orbites des Planetes. Nous nous conduirons de la même maniere que dans l'Art. précedent pour identifier une femblable equation avec l'equation générale $\frac{1}{r} = \frac{1}{p} - \frac{c}{p} \, cof. \, v + \Delta$. Nous rendrons les indeterminées de l'equation fuppofée telles que cette equation s'accorde avec l'equation générale dans tous les termes qui pourront s'y rapporter. Quant à ceux qui fe rencontreront de plus, & qui prouvent que la fuppofition faite n'eft pas exactement la vraie, ils fervent à faire connoî-tre lorfqu'ils font affectés de plus petits coëfficiens que les premiers quelle eft la nature des termes qu'on auroit dû ajouter à $\frac{1}{k} - \frac{e}{k} \, cof. \, m \, v$ pour exprimer $\frac{1}{r}$.

Introduifant alors ces termes avec des coëfficiens indeterminés dans la valeur de Ω on formera une feconde equation, qui après l'identification de fes premiers termes avec ceux de l'Equation fuppofée, approchera infinement plus de la vraie que la prémiere & pourra même en tenir lieu abfolument, fi les nouvéaux termes introduits par cette feconde equation ont des coefficiens affés petits pour être negligés & fi l'on a fait entrer dans la determination des forces Φ & Π toutes les confiderations qui doivent introduire les efpeces de termes effentiels à confiderer.

Comme ces confiderations font en grand nombres & qu'elles compliqueroient trop l'attention du Lecteur fi l'on y avoit égard à la fois nous allons commencer par le cas le plus fimple, celui où les deux orbites du Soleil & de la Lune font dans le même plan, & où l'on fuppofe celle du Soleil fans excentricité. Nous n'aurons pas même attention d'abord à la parallaxe du Soleil.

XIII.

PROBLEME IV.

On demande l' orbite CL *decrite par la Lune* L *autour de la Terre* T, *en suppofant que le Soleil foit dans le même plan de cette orbite & que fon orbe apparent autour de la Terre foit un cercle* S γ *dont le centre eft* T *& dont la defcription eft uniforme.*

§. 1. Suppofons qu' au commencement du mouvement les deux aftres foient dans la ligne $TC\gamma$, & qu'après un tems quelconque le Soleil fe trouve en S & la Lune en L ; nommons en fuite M la fomme des maffes de la Terre & de la Lune, N celle du Soleil, f le raion fuppofé conftant de l' orbite du Soleil, r le raoin variable T L de l' orbite de la Lune, t l' angle S T L, ou la diftance de la Lune au Soleil, v l' angle C T L, z l' angle γ T S. La Theorie des forces fera voir affés facilement que la Lune qui feroit pouffée vers la Terre par la feule force $\frac{M}{rr}$, fans l' action du Soleil reçoit de plus à caufe de cette action une force $\frac{N}{SL^3}$ vers S pendant que la Terre eft pouffée vers le même point par une force $\frac{N}{ST^2}$, & que l' action refultante de ces deux forces pour troubler les mouvemens de la Lune fe reduit à une prémiere force $N\left(\frac{ST}{SL^3} - \frac{1}{ST^2}\right)$ qui pouffe la Lune de L vers H dans la parallele LH à T S, & à une feconde, $\frac{N \cdot LT}{SL^3}$ qui la pouffe vers T. On verra en fuite en prenant S L pour la droite S K comprife entre S & la perpendiculaire L K à S T, & en negligeant les fecondes puiffances de $\frac{LT}{ST}$ qu' au lieu de $N\left(\frac{ST}{SL^3} - \frac{1}{ST^2}\right)$ on peut fe contenter de $\frac{3N \cdot TK}{ST^3}$ & de même qu' au lieu de $\frac{N \cdot LT}{ST^3}$ on peut fubftituer $\frac{N \cdot LT}{SL^3}$.

Par ce moien les deux forces précedentes se reduiront à $\frac{3N \cdot r \, cof. \, t}{f^3}$ & $\frac{N r}{f^3}$ mais la force $\frac{3N \cdot r \, cof. \, t}{f^3}$ suivant L H se peut decomposer en $\frac{3N \, r \, cof. \, t}{f^3} \times cof. \, t$ ou $\frac{3N.r}{2f^3} (1 + cof. \, 2t)$ suivant L T & en $\frac{3N \cdot r \, cof. \, t}{f^3} \times fin. \, t$ ou $\frac{3 N r \, fin. \, 2t}{2f^3}$ suivant la perpendiculaire à L T.

Retranchant donc la Iere de $\frac{N r}{f^3}$ il est evident qu'on aura la force totale $\Phi = -\frac{N r}{2f^3} - \frac{3Nr \, cof. \, 2t}{2f^3}$ par la quelle le Soleil tire la Lune vers T & que Π ou la force suivant la perpend. L O à cette direction sera $- \frac{3 N r \, fin. \, 2t}{2f^3}$.

§. 2. Cela posé, il est clair que les quantités $\Phi = \int \frac{\pi r^2 dv}{p m}$ & $\Omega = \frac{\frac{\circ rr}{M} + \frac{\pi r \, dr}{M \, du} - 2\varrho}{1 + 2\varrho}$ de la solution générale deviendront, ou $\varrho = -\frac{3 \alpha k}{2p} \int \frac{r^4}{k^4} fin. \, 2t. \, dv$, $\Omega = \frac{\frac{1}{2} \alpha r^3}{k^3} - \frac{3 \alpha r^3}{2 k^3} cof. \, 2t - \frac{3 \alpha r r \, dr}{2 k^3 dv} fin. \, 2t - 2\varrho}{1 + 2\varrho}$ en supposant que α ait été mis à la place de $\frac{N k^3}{M f^3}$.

§. 3. Il ne s'agit donc plus que de chasser r & t de ces expressions & de reduire Ω à une suite de cosinus de multiple de v afin d'emploier le Lemme.

A l'égard de r rien ne sera plus facile si l'on prend comme nous l'avons indiqué Article XII. $\frac{1}{r} = \frac{1}{k} - \frac{c}{k} cof \, mv$; car l'on tirera aisément de cette valeur en faisant $a = 1 + 3e^2$, $\acute{e} = e + \frac{5}{2}c^3$, $\grave{a} = 1 + 5 \, ee$, $\grave{e} = e + \frac{35 e^3}{4}$, $\breve{a} = 1 + \frac{3}{2} ee$.

$\frac{r^3}{k^3} = a + 3 \acute{e} \, cof. \, mv + 3 ee \, cof. \, 2mv$, $\quad \frac{3 r^2 dr}{dv} = -3 \acute{e} \, m \, fin. \, mv - 6 ee \, m \, fin. \, 2mv$

$\frac{r^4}{k^4} = a' + 4\acute{e} \, cof. \, mv + 5 e e \, cof. \, 2 mv$, $\quad \frac{r^2}{k^2} = \breve{a} (1 + 2e \, cof. \, mv + \frac{3}{2} ee \, cof. \, 2mv)$

§. 4. Quant à t, il sera un peu plus difficile à faire evanouïr parce qu'il est la difference des angles z & v dont il faut trouver la relation pour un même instant·

Or cette relation fembleroit d'abord exiger qu'on connût l'orbite & l'expreffion du tems employé à parcourir un de fes arcs quelconques; c'eft à dire la folution du Probleme même qu'on cherche; mais fi l'on fait attention a ce que nous pouvons negliger en vertu de la petiteffe des termes de Ω & de ϱ, nous verrons que dans cette determination du tems il fuffira de prendre la formule $\int \frac{r\,r\,dv}{\sqrt{M\,p}}$ au lieu de $\int \frac{r\,r\,du}{\sqrt{p\,M \times (1 + 2\varrho)}}$ qu'elle eft reellement, & que dans cette même formule $\int \frac{r\,r\,dv}{\sqrt{p\,M}}$ il fuffira de faire $r = k - \frac{e}{k}\, cof.\ m\,v.$

Par ce moyen on aura pour l'expreffion du tems par l'arc $C\,L$ en negligeant les troifiemes puiffances de e, $\frac{\ddot{a}\,k^2}{\sqrt{p\,M}} \left(v + \frac{2e}{m}\, fin.\ m\,v + \frac{3\,e\,e}{4\,m}\, fin,\ 2\,m\,v \right)$ Mais le tems par l'arc $\gamma\,L$ decrit par le même tems par le Soleil feroit $\frac{f^{\frac{3}{2}}\,z}{\sqrt{N}}$ ou $\frac{f^3(v - t)}{\sqrt{N}}$. Egalant donc ces deux quantités & nommant pour abreger $1 - \frac{1}{n}$ la conftante $\frac{\ddot{a}\,k^2\,\sqrt{N}}{p\sqrt{M}.\,J\sqrt{f}}$, qui n'eft autre chofe que le rapport du mouvement du Soleil au mouvement moyen de la Lune, on aura l'equation $\left(1 - \frac{1}{n} \right) \times \left(v + \frac{2e}{m}\, fin.\ m\,v + \frac{3\,e\,e}{4\,m}\, fin.\ 2\,m\,v \right) = v - t$, d'où l'on tire $t = \frac{v}{n} - \mathcal{E}\, fin.\ m\,v - \delta\, fin.\ 2\,m\,v$, en faifant $\mathcal{E} = \frac{2e}{m} \left(1 - \frac{1}{n} \right)$, $\delta = \frac{3\,e\,e}{4\,m} \left(1 - \frac{1}{n} \right)$.

§. 5. Pour tirer maintenant de cette valeur de t celle de $fin.\ 2\,t$ & de $cof.\ 2\,t$ qui entrent dans les valeurs de ϱ & de Ω que nous venons de trouver, nous regarderons la valeur $\frac{2\,v}{n} - 2\,\mathcal{E}\, fin.\ m\,v - 2\,\delta\, fin\ 2\,m\,v$ de $2\,t$ comme la fomme d'un angle $\frac{2\,v}{n}$ & d'un autre $-2\,(\mathcal{E}\, fin.\ m\,v + \delta\, fin.\ n\,v)$ & alors la formule générale du finus de la fomme de deux angles donnés nous donnera

$\text{fin.}\,2t = \text{fin.}\,\frac{2v}{n} \times \text{cof.}\,(2\varepsilon\,\text{fin.}\,mv + \delta\,\text{fin.}\,2\,m\,v) - \text{cof.}\,\frac{2v}{n} \times$ fin. $(2\varepsilon\,\text{fin.}\,m\,v + \delta\,\text{fin.}\,2\,mv)$. Mais vû la petiteſſe de ε & de δ & les termes que nous pouvons nous permettre de negliger dans cette premiere approximation cette expreſſion ſe reduira à $\text{fin.}\,\frac{2v}{n} - \text{cof.}\,\frac{2v}{n} \times (2\varepsilon\,\text{fin.}\,m\,v + \delta\,\text{fin.}\,2mv)$ c'eſt à dire que l'on aura $\text{fin.}\,2t =$ $\text{fin.}\,\frac{2v}{n} + \varepsilon\,\text{fin.}\,(\frac{2}{n}-mv) - \varepsilon\,\text{fin.}\,(\frac{2}{n}+mv) + \delta\,\text{fin.}\,(\frac{2}{n}-2mv) - \delta\,\text{fin.}\,(\frac{2}{n}+2mv.)$ De la même maniere on trouvera $\text{cof.}\,2t = \text{cof.}\,\frac{2v}{n} + \varepsilon\,\text{cof.}\,(\frac{2}{n}-mv) - \varepsilon\,\text{cof.}\,(\frac{2}{n}+mv) + \delta\,\text{cof.}\,(\frac{2}{n}-2mv) - \delta\,\text{cof.}\,(\frac{2}{n}+2mv.)$

§. 6. Par ces valeurs & par celles des puiſſances de r qu' on vient de trouver §. 3 on aura facilement $\frac{r^4}{k^4}\,\text{fin.}\,2t = \alpha\,\text{fin.}\,\frac{2v}{n} + (2\grave{e}+\grave{a}\varepsilon)\,\text{fin.}\,(\frac{2}{n}-mv) + (3\grave{e}-\grave{a}\varepsilon) \times \text{fin.}\,(\frac{2}{n}+mv) + (5e^2+\grave{a}\delta+2\grave{e}\varepsilon)\,\text{fin.}\,(\frac{2}{n}-2mv)$ & par conſequent ϱ ou $-\frac{3}{2}\frac{\alpha k}{p}\int \frac{r^4}{k^4}\,\text{fin.}\,2t\,dv = \text{a}\,\alpha\,\text{cof.}\,\frac{2v}{n} + \text{b}\,\alpha\,\text{cof.}\,(\frac{2}{n}-mv) + \text{c}\,\alpha\,\text{cof.}\,(\frac{2}{n}+mv) - \text{d}\,\alpha\,\text{cof.}\,(\frac{2}{n}-2mv) - p\,\alpha$, en faiſant $\text{a} = \frac{3k\grave{a}n}{4p}$, $\text{b} = \frac{3k}{2p}\left(\frac{2\grave{e}+a\varepsilon}{\frac{2}{n}-m}\right)$ $\text{c} = \frac{3k}{2p}\left(\frac{2\grave{e}-\grave{a}\varepsilon}{\frac{2}{n}+m}\right)$.

$$\text{d} = \frac{3}{2}\frac{k}{p}\left(\frac{5e^2+\grave{a}\delta+2\grave{e}\varepsilon}{2m-\frac{2}{n}}\right).\quad \text{p} = \text{a}+\text{b}+\text{c}-\text{d}.$$

La conſtante $p\,\alpha$ a été ajoutée en integrant & priſe telle que la quantite ϱ ſoit nulle à l'origine des v où l'on ſuppoſe qu' a commencé tout le mouvement. Quant aux termes affectés d' autres multiples de v, tels que $\frac{4v}{n}$, $(\frac{2}{n}+2mv)$ &c. on les a negligés à cauſe qu' ils ſont fort petits & que dans le paſſage de Ω à $\triangle$ ils diminueroient encore.

§. 7.

§. 7. Faisant de même

$$(a) = \tfrac{3}{2} a, \quad (b) = \tfrac{3}{2} a\mathfrak{C} + \tfrac{9}{4} \acute{e}, \quad (c) = \tfrac{9}{4} \acute{e} - \tfrac{3}{2} \mathfrak{C} a, \quad (d) = \tfrac{3}{2} a\delta + \tfrac{9}{4} \acute{e}\mathfrak{C} + \tfrac{9}{4} e^2$$

$$[a] = \tfrac{3}{2} \acute{e} m \mathfrak{C}, \quad [b] = \tfrac{3}{4} \acute{e} m, \quad [c] = \tfrac{3}{4} \acute{e} m, \quad [d] = \tfrac{3}{4} \acute{e} m \mathfrak{C} + \tfrac{3}{2} e e m$$

on aura

$$- \frac{3\, r^3 \alpha \cos. 2t}{2\, k^3} = - (a)\, \alpha \cos. \tfrac{2v}{n} - (b)\, \alpha \cos\left(\tfrac{2}{n} - mv\right) -$$
$$(c)\, \alpha \cos.\left(\tfrac{2}{n} + mv\right) - (d)\, \alpha \cos.\left(\tfrac{2}{n} - 2mv\right)$$

&

$$- \frac{3\, r^2 \alpha \, dr \sin. 2t}{2\, k^3\, dv} = - [a]\, \alpha \cos. \tfrac{2v}{n} + [b]\, \alpha \cos.\left(\tfrac{2}{n} - mv\right) -$$
$$[c]\, \alpha \cos.\left(\tfrac{2}{n} + mv\right) + [d]\, \alpha \cos.\left(\tfrac{2}{n} - 2mv\right)$$

§. 8. Or toutes ces valeurs etant introduites dans l' expreſſion générale de Ω, ou ſimplement dans celle de ſon numerateur, auquel on peut reduire cette quantité pour la 1ere aproximation, à cauſe de la petiteſſe de $2g$ auprés de l' unité, & faiſant de plus

$$A = 2a + [a] + (a), \quad B = 2b - [b] + (b), \quad C = 2c + [c] + (c)$$
$$D = 2d + [d] - (d), \quad E = \tfrac{3}{2} \acute{e} \qquad P = 2p - \tfrac{a}{2}$$

Nous aurons

$$\Omega = - A\, \alpha \cos. \tfrac{2v}{n} - B\, \alpha \cos.\left(\tfrac{2}{n} - mv\right) - C\, \alpha \cos.\left(\tfrac{2}{n} + mv\right) +$$
$$D\, \alpha \cos.\left(\tfrac{2}{n} - 2mv\right) - E\, \alpha \cos. mv + P\alpha.$$

La ſubſtitution de cette quantité faite dans la valeur générale de Δ donnée **Art. VI.** changera l' equation générale de l' orbite en

$$\frac{z}{r} = \frac{1}{p} - \tfrac{1}{p}\left(c + \frac{A\,\alpha}{\frac{4}{n\,n} - 1} + \frac{B\,\alpha}{\left(\tfrac{2}{n} - m\right)^2 - 1} + \&c.\right) \cos. v + \frac{A\,\alpha}{p\left(\tfrac{4}{n\,n} - 1\right)} \cos. \tfrac{2v}{n}$$

$$+ \frac{P\,\alpha}{p} - \frac{B\,\alpha}{p\left(1 - \left(\tfrac{2}{n} - m\right)^2\right)} \cos\left(\tfrac{2}{n} - mv\right) + \frac{C\,\alpha}{p\left(\left(\tfrac{2}{n} + m\right)^2 - 1\right)} \cos.\left(\tfrac{2}{n} + mv\right)$$

$$+ \frac{D\,\alpha}{p\left(1 - \left(2m - \tfrac{2}{n}\right)^2\right)} \cos.\left(\tfrac{2}{n} - 2mv\right) - \frac{E\,\alpha}{p\left(1 - m\,m\right)} \cos. mv$$

qui en fuppofant que k, p, c, e, m, aient entr' elles la relation que demandent les equations

$$1 + Pa = \frac{p}{k}, \quad c + \frac{A\alpha}{\frac{4}{nn} - 1} - \frac{B\alpha}{1 - (\frac{2}{n} - m)^2} - \&c. = 0$$

$$e = \frac{E\alpha k}{p(1 - mm)}; \quad \& \text{ en faifant } \frac{A\alpha k}{p(\frac{4}{nn} - 1)} = \beta, \quad \frac{B\alpha k}{p(-(\frac{2}{n} - m)^2)} = \gamma$$

$$\frac{C\alpha k}{p((\frac{2}{n} + m)^2 - 1)} = \delta, \quad \frac{D\alpha k}{p(1 - (\frac{2}{n} - m)^2)} = \zeta$$

fe reduira à $\frac{k}{r} = 1 - e \cos. mv + \beta \cos. \frac{2v}{n} - \gamma \cos.(\frac{2}{n} - mv) + \delta \cos.(\frac{2}{n} + mv) - \zeta \cos.(\frac{2}{n} - 2mv)$

dont les prémiers termes font les mêmes que ceux de l' equation fuppofée & dont les autres feront affez petis. Ainfi que le calcul fuivant va le prouver, pour convaincre de la bonté de la folution précedente & pour montrer ce qu' on peut efperer d' une feconde approximation dans la quelle on feroit entrer ces mêmes termes dans la valeur affignée à r.

XIV.

Application de la Solution du Probleme précedent.

§. 1. Il eft queftion maintenant de paffer aux nombres. Dans cette vuë foit fait $e = 0,05505$ ce qui eft l' excentricité moienne qué les Aftronomes fuppofent à l' orbite de la Lune, foit mis en fuite $0,0748$ à la place de $1 - \frac{1}{n}$ qui exprime le raport du mouvement moien du Soleil à celui de la Lune.

A l' égard de α ou $\frac{Nk^2}{Mf}$ qui ne peut. pas s' ecarter beaucoup du raport qui eft entre le quarré du tems periodique moien de la Lune & celui du Soleil, nous le fuppoſerons d' abord égal à ce raport même, c' eſt-à-dire de $0,005595$. Ces élemens que les obſervations donnent & qui font des conditions du Probleme vont nous ſuffire pour determiner tout le reſte.

§. 2. On voit d' abord que l' equation $c + \dfrac{A\alpha}{\frac{4}{n}n - 1}$ —&c.$=0$ qui donneroit la relation entre c & e eſt inutile à emploier, parce que la valeur de c n' influe fur aucune des autres quantités du Probleme & qu' il n' importe pas de favoir la difference de l' excentricité réelle de l'orbite actuelle de la Lune à celle quelle auroit eu fans les forces perturbatrices du Soleil.

§. 3. Quant à l' equation $1 + P\alpha = \frac{p}{k}$ dont l'uſage feroit de determiner le raport de k à p ou du parametre de l' Ellipſe primitive qu' auroit été l' orbite da la Lune à celui de l' orbite réelle, elle ne feroit pas plus utile fous ce point de vue que la 1ere, mais comme le raport $\frac{k}{p}$ entre dans toutes les valeurs, dont nous avons beſoin, il nous faudra de toute neceſſité faire uſage de cette equation.

§. 4. La 3eme Equation $e = \dfrac{E\alpha k}{p(1 - mm)}$ contient un élement bien important de la Theorie de la Lune, la determination du mouvement de fon apogée qui depend de la connoiſſance de m puiſque $1 - m$ a le même rapport à 1 que le mouvement de l' apogée à celui de la Lune, mais il s' en faut bien que cette determination ſe puiſſe tirer ainſi d' une prémiere operation; car quoique cette operation n' ecarte pas beaucoup du vrai pour les valeurs des lettres β, γ &c. elle conduit à peine à la moitié de ce qu'on devroit trouver pour le raport cherché $1 - m$, heureuſement m étant par elle même très peu differente de l'

unité nous ne nous embarafferons pas d' abord de la connoître exactement & nous nous contenterons de la faire
$= 1$ dans la determination de β, γ &c. remettant à corriger en fuite les valeurs de ces quantités quand nous la
connoîtrons mieux.

§. 5. De cette fuppofition & des valeurs qu'on vient
d' affigner $à\,e$, $e-\frac{1}{n}$, α nous tirerons
$a = 1, 0091$, $à = 1, 0151$, $é = 0, 0555$, $è = 0, 0557$,
$\frac{2e\left(1-\frac{1}{n}\right)}{m}$ ou $\mathcal{E} = 0, 00824$, $ee = 0, 00303$, $\frac{3ee}{4m}\left(1-\frac{1}{n}\right)$ ou
$\delta = 0, 00017$
$(a) = 1, 5136 (b) = 0, 1374 (c) = 0, 1124 (d) = 0, 00718.$
$[a] = 0, 0007 [b] = 0, 0416 [c] = 0, 0416 [d] = 0, 00458.$

§ 6. Quant aux coefficiens a, b, c, d, de la valeur de
p comme ils renferment $\frac{k}{p}$ qui ne peut être connû qu'
après la refolution de l' equation $1 + P\alpha = \frac{p}{k}$ dans la quelle
P depend lui même de $\frac{K}{p}$ nous ne pourrons les trouver
qu' en profitant (ainfi que l' on a fait pour m) de ce que
$\frac{k}{p}$ eft peu different de l' unité & nous le fuppoferons
d' abord $= 1$. Par ce moien nous aurons
$a = 0, 8229.$ $b = 0, 2107$, $c = 0, 0543$, $d = 0, 0869$,
p ou $a + b + c - d = 1, 001$ & par conféquent
$A = 3, 1595.$ $B = 0, 5172$, $C = 0, 2627$, $D = 0, 1712$,
$P = 1, 4975.$ Cette valeur de P étant fubftituée dans
$1 + P\alpha = \frac{p}{k}$ donnera $\frac{p}{k} = 1, 00838$ & par conféquent
$\frac{k}{p} = 0, 9917$; corrigeant donc a, b, c, d , dans la raifon
de 1 à $0, 9917$ nous aurons plus exactement ces quantités & appliquant le double de leur correction à A, B &c.
nous aurons pour leurs fecondes valeurs
$A = 3, 1557$; $B = 0, 5162$; $C = 0, 2624$; $D = 0, 1708$

& par conséquent

$$\beta = 0,00722, \gamma = 0,01035, \delta = 0,000205, \zeta = 0,00097$$

parmi les quelles γ & ζ feront celles où la fubftitution de 1 pour m au lieu de la vraie valeur produit la plus grande erreur à caufe que les divifeurs $2m - \frac{2}{n}$ de d, & $1 - \left(\frac{2}{n} - m\right)^2$ de B en font le plus alterés, vû leur petiteffe.

XV.

Remarques fur le mouvement de l' Apogée.

Voions maintenant ce que la $3^{\text{ème}}$ Equation $e = \frac{E\alpha k}{p(1-mm)}$ ou $1 - mm = \frac{E\alpha k}{ep}$ donneroit par raport à la valeur de m, E étant parce que nous avons vû $= \frac{2}{3}\acute{e}$ ou $0,0832$; $\frac{K\alpha}{p} = 0,005595 \times 0,9917$ ou $0,00555$, nous tirerons de cette equation $1 - mm = 0,008388$ ou $1 - m = 0,004186$ c'eft-à-dire que le mouvement de l'apogée qui doit être à celui de la Lune comme $0,008455$ à 1 ne feroit que comme $0,004186$ à 1. Donc ou l'attraction Newtoniene ne donne point ce vrai mouvement, ou la folution précedente n'eft pas propre à la determiner. Or un peu de reflexion fur les attentions que nous avons recommandées Art : VIII. nous va montrer que l'on ne doit pas compter fur l'exactitude de l'operation précedente pour cet élement de la theorie de la Lune, & nous montrera qu'elle peut être corrigée tres facilement par l'operation fubfequente.

Car il eft evident, que fi la valeur de $\frac{k}{r}$ fubftituée dans p, dans $\frac{3rr\,dr\,\sin.2t}{2k^3\,dv}$, & $\frac{3r^3\,\cos.2t}{2k^3}$ avoit contenu comme elle le doit, outre $1 - e\cos.mv$ les termes $\beta\cos.\frac{2v}{m} - \gamma\cos.\left(\frac{2}{a} - mv\right)$&c. dont nous venons d'apprendre qu' elle eſt compoſée, le produit des termes de cette eſpece, ſur tout ceux qui ſont des multiples de *coſ.* $(\frac{2}{n} - mv)$ renfermés dans $\frac{r^3}{k^3}$, $\frac{r^4}{k^4}$, avec les *ſin.* $\frac{2}{n}v$ & *coſ.* $\frac{2v}{n}$ &·autres termes de *ſin.* $2t$ & *coſ.* $2t$ auroit introduit d'autres termes que $\frac{s}{3}é$ dans la valeur de E.

Pour en donner une idée ne prenons que le terme $\gamma coſ. (\frac{2}{n} - mv)$ de $\frac{k}{r}$, qui eſt celui dont l'effet eſt ſans comparaiſon le plus ſenſible. Ce terme ajoutant à peu près $4 \gamma coſ. (\frac{2}{n} - mv)$ à $\frac{v^4}{k^4}$ nous aurons pour le produit de $\frac{r^4}{k^4}$ par $- \frac{3 k \alpha}{2 p} ſin. 2 t$ & par. conſequent pour accroiſſement à ϱ le terme $\frac{3 k \alpha}{p m} \gamma coſ. mv$ dont le double pris en $-$ devra être joint à Ω par cette correction. On aura de la même maniere $\frac{\varrho}{4} \gamma \alpha coſ. m v$ pour la correction de $\frac{3}{8}r^3 \alpha coſ. 2 t$ duë à la même attention, & $- \frac{3}{4} \gamma (\frac{2}{n} - m)\alpha$ pour celle de $\frac{3 r r \alpha d r^3 ſin. 2t}{2 d v}$; en ſorte que Ω recevra par ces trois corrections le terme $- (\frac{6 k}{pm} + \frac{\varrho}{4} - \frac{3}{4} \times \frac{2}{n} - m) \alpha \gamma coſ. m v$ ou ce qui revient au même E ſouffira le changement $+ (\frac{6 k}{pm} + \frac{\varrho}{4} - \frac{3}{4} (\frac{2}{n} - m)) \gamma$ qui, en nombres, ſera à peu près $0,0784$ fort approchant de $0,0839$ qu'il avoit pour unique valeur dans le calcul précedent.

Subſtituant donc maintenant la nouvelle valeur de E dans l'equation $1 - mm = \frac{E \alpha k}{p e}$ on en tirera $1 - m = 0,00836$ qui eſt aſſés proche de la vraie valeur pour une determination dans la quelle on a negligé tant de petites quantités. On verra plus loin que ce rapport $1 - m$, ou le mouvement de l'apogée ſera conforme à ce que les obſervations·nous apprennent, lors qu'on aura eû egard à

toutes les circonftances que demande la queftion , & qu'
on aura mis l'exactitude neceffaire dans les calculs ; c'eft
à-dire lorsqu' on aura fait entrer l'inclinaifon reciproque
des orbites de la Lune & du Soleil, l'excentricité de
l'orbite du Soleil, que l'on aura introduit dans la valeur
de Ω , le divifeur $1 + 2 \varrho$ qui y doit être , que l'on
aura fubftitué dans $\frac{k}{r}$ tous les principaux termes qui com-
pofent fa valeur , & mis à la place de t la valeur qui re-
fulte de l'expreffion du tems corrigée par la connoiffance
exacte de r & de ϱ.

XVI.

Correction aux valeurs de γ & ζ & obferva-tion fur la valeur qu' on doit donner à m.

Comme nous connoiffons actuellement beaucoup mieux
la vraie valeur de m , il eft à propos de faire une correction aux quantités précedentes γ & ζ qui fuivant ce
que nous avons vû Art. XIV. §. 6. font les plus alte-
rées par la fuppofition de $m = 1$ que nous avons faite
d'abord.

Mais pour ne pas revenir trop de fois au même calcul , & pour ne pas compliquer inutilement des operations
·affes penibles , nous obferverons ici & dans la fuite de
prendre tout d'un coup pour m fa vraie valeur
$0, 991545$ donnée par les obfervations. Il eft clair qu'on
en peut ufer ainfi , même pour quand l'on ne fe feroit
pas convaincù comme moi , que c'eft auffi la valeur donnée par la Theorie, puisque fi l'on parvient en fuite
dans la refolution de l'equation $1 - m m = \frac{E \alpha k}{p e}$ à retrouver
cette même valeur de m , la fuppofition fera juftifiée , &

que dans le cas ou elle ne le feroit pas, il auroit toûjours fallu la faire pour trouver la correction que demanderoient les forces acceleratrices. Afin de trouver la correction de γ duë à celle qu'on fait à m, en mettant $0,991545$ à sa place au lieu de 1, qu'on avoit fuppofé d'abord être sa valeur, on commencera par corriger celle de b qui fera diminuée d'environ $\frac{1}{107}$ en rectifiant son denominateur $\frac{2}{n} - m$, ce qui changera B en $0,5122$ au lieu de $0,5162$ qu'il étoit auparavant & donnera le nouveau $\frac{B\,\alpha\,k}{p}$ $= 0,0028427$. On divifera en fuite cette valeur par $0,2624$ à quoi eft égal $1 - \left(\frac{2}{n} - m\right)^2$ lorsque m a fa vraie valeur & l'on aura $0,01083$ pour le nouveau γ.

Corrigeant de même d dans la raifon de fon divifeur $m - \frac{2}{n}$ que l'on avoit fuppofé de $0,1496$ au lieu de $0,1327$ qu'il eft par la vraie valeur de m, il deviendra $0,09797$ & D par confequent $0,01791$, qui etant multiplié par $\frac{\alpha\,k}{p} = 0,00555$ & divifé par $0,982$ valeur de $1 - \left(2\,m - \frac{2}{n}\right)^2$ donnera $0,00101$ pour le nouveau ζ.

XVII.

De l'expreffion du tems dans l'orbite précedente.

Après avoir ainfi determiné la valeur de $\frac{1}{r}$ il faut paffer à celle du tems non feulement par ce que c'eft la confideration la plus importante de la Theorie de la Lune, mais par ce qu'elle eft neceffaire pour rectifier la valeur de α qui n'eft pas exactement egal comme nous l'avons fuppofé dans le calcul précedent, au quarré du

rapport

rapport qui eſt entre le tems periodique moien de la Lune & celui du Soleil. Car il eſt evident que l'expreſſion
générale du tems emploié par la Lune à parcourir un angle v; ſeroit au tems emploié par le Soleil pour par-
courir le même angle comme $\frac{k^2}{\sqrt{p}\,\mathrm{M}}\int\frac{r\,r\,d\,v}{k\,k\sqrt{(1+2\varrho)}}$ à $\frac{f^3\,v}{\sqrt{\mathrm{N}}}$ &
par conſequent que ſi T eſt le coeſſicient de l'angle v,
après avoir integré $\int\frac{r\,r\,d\,v}{k\,k\sqrt{(1+2\varrho)}}$, $\frac{k^2\,T}{\sqrt{p}\,\mathrm{M}}$ ſera à $\frac{f^3}{\sqrt{\mathrm{N}}}$ comme
le tems periodique moien de la Lune eſt à celui du Soleil,
ou ce qui revient au même, que la fraction $\frac{k^4\,T\,\mathrm{TN}}{f^3\,p\,\mathrm{M}}$, ou
$\alpha\frac{k\,T\,T}{p}$ & non pas ſimplement α ſera ce raport.

Afin d'integrer plus commodement $\frac{r\,r\,d\,v}{k\,k\sqrt{(1+2\varrho)}}$ nous nous contenterons d'ecrire à ſa place $\frac{r\,r\,d\,v}{k\,k}\,(1-\varrho)$ en negligeant les
ſecondes puiſſances de ϱ. Nous mettrons en ſuite à la
place de $\frac{k}{r}$, la quantité $1-e\,coſ.\,m\,v+\Xi$, dans la quelle
Ξ eſt pris pour répréſenter les termes tels que $\beta\,coſ.\,\frac{2\,v}{n}$,
$\gamma\,coſ.\,(\frac{2}{n}-m\,v)$ &c. qui entrent dans la valeur de $\frac{k}{r}$.

Par ce moien en negligeant les ſecondes puiſſances
de Ξ & en gardant les mêmes denominations a, $\breve{a}$ & $\acute{e}$
que ci-deſſus & en faiſant de plus $\breve{e}=e+\frac{3}{2}e^3$ nous aurons
$$\frac{r^2}{k^2}=\breve{a}+2\,\breve{e}\,coſ.\,m\,v+\tfrac{3}{2}e\,e\,coſ.\,2\,m\,v+e^3\,coſ.\,3\,m\,v-2\,a\Xi$$
$$-6\,\acute{e}\,\Xi\,coſ.\,m\,v \quad\text{& partant}$$
$$\frac{r^2}{k^2}\,(1-\varrho)=\breve{a}+2\,\breve{e}\,coſ.\,m\,v-2\,a\,\Xi-\breve{a}\varrho-(6\acute{e}\Xi+2\breve{e}\varrho)coſ.\,m\,v$$
$$+\tfrac{3}{2}e\,e\,coſ.\,2\,m\,v$$
$$+e^3\,coſ.\,3\,m\,v$$

Il ne faudra donc plus que ſubſtituer dans cette quantité pour Ξ et ϱ leurs valeurs
$$\beta\,coſ.\,\tfrac{2\,v}{n}-\gamma\,coſ.(\tfrac{2}{n}-m\,v)+\delta\,coſ.(\tfrac{2}{n}+m\,v)+\zeta\,coſ.(\tfrac{2}{n}-2m\,v)\ \&$$
$$a\,\alpha\,coſ.\,\tfrac{2\,v}{n}+b\,\alpha\,coſ.(\tfrac{2}{n}-m\,v)+c\,coſ.(\tfrac{2}{n}+m\,v)-d\,coſ.(\tfrac{2}{n}-2m\,v)+p\,\alpha,$$

E

multiplier en suite le tout par dv & integrer, afin d'avoir la valeur de la quantité cherchée $\int \frac{r}{k} \frac{r}{2} \frac{dv}{}\,(1-\varrho)$ qui sera par conséquent

$$(\breve{a}+\breve{a}p\alpha)v+\left(\frac{2\breve{e}+2p\alpha}{m}\right)\sin.\,mv+\frac{3ee}{4m}\sin.\,2mv$$

$$+\frac{e^3}{3m}\sin.\,3mv-\left(\frac{\breve{a}a\alpha+2a\beta-3\acute{e}\gamma+\breve{a}b\alpha+3\acute{e}\delta+{}^{\scriptscriptstyle x}c\alpha}{\frac{2}{n}}\right)\sin.\,\frac{2}{n}v$$

$$+\frac{2a\gamma-b\breve{a}\alpha-1\acute{e}\beta-\breve{e}a\alpha-3\zeta e'+\breve{e}d\alpha}{\frac{2}{n}-m}\sin.\left(\frac{2}{n}-mv\right)$$

$$-\frac{2\breve{\delta}a+\breve{a}c\alpha+3\,'\beta+{}^{\scriptscriptstyle x}a\alpha}{\left(\frac{2}{n}-m\right)}\sin.\left(\frac{2}{n}+mv\right)-\frac{3e'\gamma+\breve{a}d\alpha-2a\zeta-\breve{e}b\alpha}{2m-\frac{2}{n}}\times$$

$$\sin.\left(\frac{2}{n}-2mv\right)+\frac{3\zeta e'-\breve{e}d\alpha}{3m-\frac{2}{n}}\sin.\left(\frac{2}{n}-3mv\right)-\frac{3\delta e'+{}^{\scriptscriptstyle x}c\alpha}{\frac{2}{n}+2m}\times$$

$$\sin.\left(\frac{2}{n}+2mv\right).$$

Ainsi $\breve{a}+\breve{a}p\alpha$ est le coefficient T dont nous venons de voir que nous avions besoin pour determiner la valeur de α & l'equation qui la determinera sera $(\breve{a}+\breve{a}p\alpha)^2\times\frac{\alpha k}{p}=0,005595$, dans la quelle faisant $\breve{a}=1,0045 6$, $p=0,9879$, $\frac{k}{p}=0,9917$, on trouvera $\alpha=0,00553$ qui servira à corriger les valeurs précedentes de ϱ de Ξ qui lui sont proportionelles & donneront par conséquent $aa=0,004551$, $ab=0,001156$, $ac=0,000301$, $ad=0,000542$, $ap=0,005466$, $\beta=0,007136$, $\gamma=0,010704$, $\delta=0,000203$, $\zeta=0,00998$; substituant en suite ces valeurs dans l'expression qu'on vient de trouver du tems, elle se changera enfin en

$$0,0099\,v+0,112151\sin.\,mv-0,009352\sin.\frac{2v}{n}+0,021966\sin.\left(\frac{2}{n}-mv\right)-0,00075\sin.\left(\frac{2}{n}+mv\right)-0,00129\sin.\left(\frac{2}{n}-2mv\right)$$

$$+0,001292\sin.\,2mv\qquad+0,000121\sin.\left(\frac{2}{n}-3mv\right)-0,000005\sin.\left(\frac{2}{n}+2mv\right)$$

$$+0,000056\sin.\,3mv$$

qui pourroit bien fubir encore quelques corrections en emploiant la nouvelle valeur de α qu'on vient de trouver à rectifier $\frac{k}{p}$ & par conſequent a, b, c, d, & de même A, B, C, D, β, γ &c. mais comme toutes ces corrections feroient inferieures à celles que fournit l'operation par la quelle on fubſtitue dans Ω à la place de $\frac{k}{r}$, $1 - e\ coſ.\ mv + \Xi$ (au lieu de prendre ſimplement comme nous avons fait $1 - c\ coſ.\ mv$) nous ne nous attacherons pas à pouſſer plus loin l'exactitude de cette ſolution & nous paſſerons à l'examen des autres circonſtances que doit embraſſer la vraie determination de l'orbite de la Lune.

XVIII.

De la maniere d'avoir égard à l'excentricité de l'orbite du Soleil.

En reprenant la folution du Probleme précedent, on decouvre aifement deux points fur lefquels la confideration de l'excentricité du Soleil doit apporter du changement & introduire de nouveaux termes dans l'equation de l'orbite de la Lune, l'une eſt la fuppofition de la diſtance S T égale à une conſtante f, l'autre l'uniformité de la defcription de l'angle z par le Soleil, qui don-

Fig. 2.

noit pour l'expreſſion du tems $\dfrac{f^{\frac{3}{2}} z}{\sqrt{N}}$. Ces deux fuppofitions n'étant plus permiſes lorſqu'on a égard à l'excentricité, il faut donner la maniere de les corriger.

On commencera par remettre fous le figne $\int$ de la valeur de z la lettre f qui eſt compriſe dans la valeur de α & l'on ecrira ainfi cette valeur $-\dfrac{1k}{2p} \int \dfrac{N h^2}{M f^2}\ ſin.\ 2\,t\,dv.$

Mais pour ſimplifier également cette expreſſion & nous rapprocher autant que nous pourrons du calcul précedent, nous garderons la conſtante f pour exprimer le demi-parametre de l'ellipſe ſuppoſée decrite par le Soleil ; alors nommant l la diſtance variable S T & ſuppoſant toûjours $a = \frac{N k^3}{M f^3}$ nous aurons $\varrho = - \frac{3 k \alpha}{2 p} \int \frac{r^4}{k^4} \frac{f^3}{l^3}$ ſin. $2 t\, d\, v$ &
$$\Omega = \frac{- \frac{1}{3}\alpha \frac{r^3}{k^3} \frac{f^3}{l^3} - \frac{3 \alpha r^3}{2 k^3}\cdot \frac{f^3}{l^3} \cos. 2 t - \frac{3 \alpha r'^2 d r}{2 k^3 d v}\cdot \frac{f^3}{l^3} \text{ſin.} (2 t - 2 \varrho)}{1 + 2 \varrho}$$
Suppoſant en ſuite que $i f$ ſoit l'excentricité de l'orbite du Soleil, la valeur de l ſera $\frac{f}{1 - i} \cos. z$, d'où l'on tirera, en n'exigeant pas d'abord plus d'exactitude dans le calcul que l'on n'en a mis dans la ſolution du Probleme précedent, $\frac{f^3}{l^3} = 1 + 3 i \cos. z, \frac{f^4}{l^4} = 1 + 4 i \cos. z$, Tems par z
$$= \frac{f^{\frac{3}{2}}}{\sqrt{N}} (z + 2 i \text{ſin.} z).$$
De là l'equation qui donne la valeur de t au lieu d'étre comme dans le §. 4 du Probleme précedent $(1 - \frac{1}{n}) \times (v + \frac{2 e}{m} \text{ſin.} m v + \frac{3 e^2}{4 m} \text{ſin.} 2 m v) = v - t$, ſera $(1 - \frac{1}{n}) v \times (v + \frac{2 e}{m} \text{ſin.} m v + \frac{3 e e}{4 m} \text{ſin.} 2 m v) = v - t + 2 i \text{ſin.} v - t)$ ou ſimplement $= v - t + 2 i \text{ſin.} (1 - \frac{1}{n}) v$, en mettant dans le terme $2 i \text{ſin.} v - t$, en conſequence de ce que la petiteſſe de i permet de negliger, $(1 - \frac{1}{n}) v$ à la place de z qui en differe peu.

Par ce moien, en gardant les mêmes denominations que ci-deſſus, on aura
$$t = v - \varepsilon \text{ſin.} m v - \delta \text{ſin.} 2 m v + 2 i \text{ſin} (1 - \frac{1}{n}) v,$$
qui donneroit
$$\text{ſin.} 2 t = \text{ſin.} \frac{2 v}{n} - \varepsilon \text{ſin.} (\frac{2}{n} + m v) - \delta \text{ſin.} (\frac{2}{n} + 2 m v) - 2 i \text{ſin.} (1 + \frac{1}{n}) v$$
$$+ \varepsilon \text{ſin.} (\frac{2}{n} - m v) + \delta \text{ſin.} (\frac{2}{n} - 2 m v) + 2 i \text{ſin.} (\frac{2}{n} - 1) v \&$$
$$\cos. 2 t = \cos. \frac{2 v}{n} - \varepsilon \cos. (\frac{2}{n} + m v) - \delta \cos. (\frac{2}{n} + 2 m v) - 2 i \cos. (1 + \frac{1}{n}) v$$
$$+ \varepsilon \cos. (\frac{2}{n} - m v) + \delta \cos. (\frac{2}{n} - 2 m v) + 2 i \cos (\frac{2}{n} - 1) v.$$
Se contentant de même dans les termes $3 i \cos. z$ &

$4 i \, cof. z$ de faire, à caufe de la petiteffe de i, $z = (1 - \frac{1}{n})v$, on aura $\frac{f^2}{l^3} = 1 + 3 \, i \, cof. (1 - \frac{1}{n}) v$ & $\frac{f^4}{l^4} = 1 + 4 \, i \, cof. (1 - \frac{1}{n})v$. Cela pofé le calcul n'aura plus aucune difficulté & s'achevera comme celui de la folution précedente. Je n'en donne pas le detail non feulement par ce qu'il eft inutile pour des juges auffi eclairés que ceux à qui fe préfente cet ouvrage, & qu'il eft propre à exercer ceux qui ne feroient pas fi au fait de la matiere, mais parce que le premier calcul n'a presque d'autre but que d'indiquer la nature des termes qui doit entrer dans la valeur de r que dans l'expreffion du tems & qu'il fera beaucoup plus utile de paffer maintenant aux methodes qu'il faut fuivre pour mettre dans le calcul toute l'exactitude neceffaire & pour avoir égard aux autres conditions du Probleme.

XIX.
PROBLEME V.

♎ L *repréfentant l'orbite de la Lune*, N S *celle du Soleil*, T ♎ N *la ligne qui paffe par la Terre & ces* Fig. 1. *deux aftres à l'inftant où l'on fuppofe que commence leur mouvement, S et L les lieux du Soleil et de la Lune après un tems quelconque. On demande les forces* φ *et* Π *avec lesquelles le Soleil trouble les mouvemens de la Lune autour du centre* T *de la Terre.*

La force φ étant toûjours fuppofée comme ci-deffus tendante au centre T, l'autre perpendiculaire au raion vecteur, & placé fur le plan de l'orbite de la Lune

Soient joints les points S, L, T par les droites TS, TL, S L, abaiffée S O perpendiculaire à N M, SS' perpendiculaire au plan de l'orbite de la lune, tracée la projection NS' de l'orbite du Soleil fur le plan de celle de la Lune, tirées S'L, S'T.

Soient en suite nommées comme ci - dessus

N, la masse du Soleil

M, la somme de celles de la Terre & de la Lune

l, le raion vecteur de l' orbite du Soleil

r, celui de l' orbite de la Lune

t, l' angle que l'on a en retranchant le lieu vrai du Soleil dans son orbite du lieu vrai de la lune dans la sienne, c' est-à-dire $NTL - NTS$

Enfin soit fait l' angle $STL = l$

l' angle $S'TL = i$

$SL = s$

$TS' = l'$

La distance du Noeud au Soleil, ou l'angle $NTS = u$

Le cosinus de l'inclinaison reciproque des orbites $= \psi$.

Maintenant il est aisé de voir que les forces avec les quelles le Soleil trouble les mouvemens de la Lune sont l'une $\frac{Nr}{l^3}$, qui agit de L vers T, l' autre $N\left(\frac{L}{s^3} - \frac{1}{l^3}\right)$ qui pousse suivant la parallele menée de L à TS.

Decomposant donc cette derniere en deux, dont l'une soit perpendiculaire au plan de l' orbite de la Lune, & dont l' autre soit dans la direction parallele à TS', on aura pour cette seconde (l'autre etant inutile à considerer ici) $N\left(\frac{1}{s^3} - \frac{1}{l^3}\right)\frac{l'}{l}$. Mais cette seconde force $N\left(\frac{1}{s^3} - \frac{1}{l^3}\right)\frac{l'}{l}$ decomposée suivant LT & sa perpendiculaire dans le plan ΩTL de l' orbite donnera les forces $N\left(\frac{l}{s^3} - \frac{1}{l^2}\right)\frac{l'}{l}\, cof. i$

& $N\left(\frac{1}{s^3} - \frac{1}{l^2}\right)\frac{l'}{l}\, fin. i$

Donc les forces cherchées seront $\Phi = \frac{Nr}{s^3} - N\left(\frac{l}{s^2} - \frac{1}{l^2}\right)\frac{l'}{l}\, cof\, t$

& $\Pi = -N\left(\frac{l}{s^3} - \frac{1}{l^2}\right)\frac{l'}{l}\, fin.\, t.$

Pour chasser s de ces quantités je remarque que sa valeur est $V\left(l^2 - r^2 - 2\, r\, l\, cof.\, i\right)$ & qu'on en tire en negligeant ce qui peut l'être sans scrupule $\frac{l}{s^3} = \frac{1}{l^3} + \frac{9}{4}\frac{r\,r}{l^5} + \frac{3}{l^4}\frac{r}{}\, cof.\, i + \frac{15}{4}\frac{r^2}{l^5}\, cof.\, 2i,$

fubftituant cette valeur dans les quantités précedentes & mettant à la place de *cof. í* fa valeur $cof. \acute{t} \times \frac{l'}{l}$, ces expreffions fe changeront en

$$\Phi = -\frac{N r}{2 l^3}\left(\frac{3 l' l'}{l^2} - 2\right) - \frac{3 N r}{2 l^3}\times\frac{l' l'}{l^2} cof. 2 \acute{t} - \frac{3 r^2}{8 l^4}\left(15\left(\frac{l'}{l}\right)^3 - \frac{12 l'}{l}\right) cof. \acute{t}$$
$$- \frac{3 r^2}{8 l^4}\left(\frac{l'}{l}\right)^3 \times 5\, cof. 3\acute{t}$$

$$\Pi = -\frac{3 N r}{2 l^3}\cdot\frac{l' l'}{l^2} fin. 2\acute{t} - \frac{3 N r^2}{8 l^4}\left(5\left(\frac{l'}{l}\right)^3 - \frac{4 l'}{l}\right) fin.\acute{t} - \frac{3 r^2}{8 l^4}\left(\frac{l'}{l}\right)^3 \times 5\, fin. 3\acute{t}.$$

Des quelles il faut encore faire evanouir l' & $\acute{t}$ en determinant leurs relations avec l & t.

$1 - \psi$ repréfentant comme nous l' avons dèja dit le cofinus de l' angle $S'OS$ que font enfemble les orbites, il ne fera pas difficile de voir qu' en negligeant feulement les troifiemes puiffances de ψ on a

$$\frac{S'T}{ST} \text{ ou } \frac{l'}{l} = 1 - \tfrac{1}{2}\psi + \tfrac{1}{16}\psi^2 + \tfrac{1}{2}\psi\, cof. 2 u - \tfrac{1}{16}\psi^2 cof. 4 u$$

Et qu' en cherchant dans les mêmes fuppofitions la difference de l' angle NTS à NTS' on aura la valeur de

$$NTS' = u - \tfrac{1}{2}\psi\, fin. 2 u + \tfrac{1}{8}\psi^2 cof. 4 u - \tfrac{1}{4}\psi^2$$

Mais l' angle $\acute{t}$ a la même difference à l' angle t que NTS à NTS' donc

$$\acute{t} = t + \tfrac{1}{2}\psi\, fin. 2 u - \tfrac{1}{8}\psi^2 cof. 4 u - \tfrac{1}{4}\psi^2.$$

De ces valeurs de $\acute{t}$ & de $\frac{l'}{l}$ on tirera facilement

$$fin. 2\acute{t} = (1 - \tfrac{1}{4}\psi^2) fin. 2t + \tfrac{1}{4}\psi^2 cof. 4 u\, fin. 2t + (\psi + \tfrac{1}{2}\psi^2) fin. 2 u\, cof. 2t - \tfrac{1}{4}\psi^2 fin. 4 u\, cof. 2 t$$

$$cof\, 2\acute{t} = (1 - \tfrac{1}{4}\psi^2) cof. 2t + \tfrac{1}{4}\psi^2 cof. 4 u\, cof. 2t - (\psi + \tfrac{1}{2}\psi^2) fin. 2 u\, fin. 2t + \tfrac{1}{4}\psi^2 fin. 4 u\, fin. 2 t$$

$$\&\ \frac{l' l'}{l^2} = 1 - \psi + \tfrac{1}{2}\psi^2 + (\psi - \tfrac{1}{2}\psi^2)\, cof. 2 u.$$

Et fubftituant ces valeurs dans $\frac{l' l'}{l^2} cof. 2\acute{t}$ & $\frac{l' l'}{l^2} fin. 2\acute{t}$ on aura, en faifant $\psi - \tfrac{1}{2}\psi^2 = \psi'$,

$$\frac{l'l'}{l^2}\,cof.\,2\,\acute{t}=(1-\psi+\tfrac{1}{4}\psi\psi)\,cof.\,2\,t+\psi'\,cof.\,(2\,t+2\,u)$$
$$+\tfrac{1}{4}\psi^2\,cof.\,(4\,u+2\,t)$$
$$\frac{l'l'}{l^2}\,fin.\,2\,\acute{t}=(1-\psi+\tfrac{1}{4}\psi\psi)\,fin.\,2\,t+\psi'\,fin.\,(2\,t+2\,u)$$
$$+\tfrac{1}{4}\psi^2\,fin.\,(4\,u+2\,t)$$

Quant à $\left(\frac{l'}{l}\right)^3$ & à $fin.\,\acute{t}$, $fin.\,3\,\acute{t}$, $cof.\,\acute{t}$, $cof.\,3\,\acute{t}$ à caufe des termes oú ces quantités entrent, il faudra un peû moins d'exactitude & on fe contentera de faire

$$\left(\frac{l'}{l}\right)^3=1-\tfrac{3}{2}\psi+\tfrac{3}{2}\psi\,cof.\,2\,u$$
$$fin.\,\acute{t}=fin.\,t+\tfrac{1}{2}\psi\,fin.\,2\,u\,cof.\,t$$
$$cof.\,\acute{t}=cof.\,t-\tfrac{1}{2}\psi\,fin.\,2\,u\,fin.\,t$$
$$fin.\,3\,\acute{t}=fin.\,3\,t+\tfrac{3}{2}\psi\,fin.\,2\,u\,cof.\,3\,t$$
$$cof.\,3\,\acute{t}=cof.\,3\,t-\tfrac{3}{2}\psi\,fin.\,2\,u\,fin.\,3\,t$$

Nous n'avons donc plus maintenant qu'à mettre toutes les valeurs à la place des quantités qu'elles expriment, & nous aurons enfin, en faifant,

$$b=1-\psi+\tfrac{1}{4}\psi^2,\; p=1-\tfrac{11}{2}\psi,\; q=1-\tfrac{5}{2}\psi,\; \psi''=\psi'-\tfrac{1}{8}\psi^2,$$
$$\Phi=-\tfrac{N\,r}{2\,l^3}(b+3b\,cof.\,2t)+\tfrac{N\,r}{l^3}\psi''-\tfrac{3N\,r}{2\,l^2}\psi'(cof.\,2u+cof.\,(2t+2u))$$
$$-\tfrac{3\,r^2\,N}{8\,l^4}(3p\,cof.\,t+5q\,cof.\,3t)$$
$$\&\,\Pi=-\tfrac{3N\,r}{2\,l^3}\,b\,fin.\,2t-\tfrac{3N\,r}{2\,l^3}\psi'\,fin.\,(2t+2u)-\tfrac{3\,r^2\,N}{8\,l^4}(p\,fin.\,t+5q\,fin.\,3t)$$

Negligeant à la verité dans Φ les termes $-\tfrac{3\,rN\psi^2}{8\,l^3}\,cof.\,(4u+2t)$
$$-\tfrac{27\,r^2\psi N}{8\,l^4}\,cof.\,(2u+t)+\tfrac{45\,r^2 N\psi}{16\,l^4}\,cof.\,(2u-t)-\tfrac{45\,\psi N r^2}{16\,l^4}\,cof.$$
$(2u+3t)$. Et dans Π les termes $-\tfrac{9\,\psi\,r^2 N}{8\,l^4}\,fin.\,(2u+t)$
$$+\tfrac{15\,\psi\,r^2 N}{16\,l^4}\,fin.\,(2u-t)-\tfrac{45\,r^2 N\psi}{16\,l^4}\,fin.\,(2u+3t)-\tfrac{3\,N\,r\,\psi^2}{4\,l^3}\times$$
$fin.\,(4u+2t)$. Mais leur omiffion ne doit laiffer aucun fcrupule, tant à caufe de la petiteffe de ces termes en eux mêmes, que par la nature de ceux qu'ils introduiroient.

Il eft bon d'obferver que la quantité $1-\psi$ qui eft variable à la rigueur, puisqu'elle exprime le cofinus d'une
incli-

inclinaifou variable , peut étre prife pour conftante, & pour le
cofinus de l'inclinaifon moienne de l'orbite de la Lune. Il y aura
cependant un feul terme le prémier de ϕ qui eft $-\frac{N\,r\,b}{2\,i^3}$
où nous ferons une petite correction de quelques fecondes
due à la variation de cette inclinaifon.

On voit par ces expreffions des forces , & en fe rap-
pellant , tant la maniere dont elles font emploïées dans Ω
que l' ufage de cette quantité pour trouver Ξ jusqu' à quel
point l' on peut confiderer féparement les conditions de
l' inclinaifon de l' orbite & de la parallaxe du Soleil.
Car 1° les prémiers termes de ϕ & de Π ne font autre
chofe que ceux qu' on avoit dans le Probleme précedent,
en negligeant la parallaxe du Soleil & l' inclinaifon ,
avec cette feule difference que tous les termes feront affe-
étés du coefficient conftant b qui eft à peu-près le cofinus
de l' inclinaifon moïenne , & que l' on a de plus dans
Ω le terme $\frac{N\,r^3\,\psi''}{M\,l^3}$ qui n' a presque d' effet que dans la
determination du mouvement de l' apogée à l' expreffion
du quel il donne une petite augmentation , mais bien moindre que celle que le coefficient b produit tant en affe-
étant le coefficient E de $cof.\,mv$ dans Ω , qu' en influant
à peu près proportionellement fur γ dont l'effet eft fi confiderable, ainfi que nous l' avons vû par rapport au mouvement de l' apogée.

2°. La partie des expreffions précedentes qui donne
la correction du mouvement de la Lune dependante de la
pofition du noeud confiftera dans les termes

$$. \; -\frac{3N\,r\,\psi'}{2\,l^3}\,(cof.\,2\,u + cof.\,(\,2\,t + 2\,u\,)) \; \text{de } \phi$$

$$\& \; -\frac{3N\,r\,\psi'}{2\,l^3}\,fin.\,(\,2\,t + 2\,u\,)\,\text{de } \Pi.$$

Leur effet fera d' introduire trois petites corrections
ou equations au mouvement de la Lune & qui n' altere-

ront en aucune maniere fenfible les autres termes trouvés précedemment par la 1ere partie de Π.

3°. La partie des mêmes expreſſions qui donnera les termes dependans de la parallaxe du Soleil fera

$$- \tfrac{3}{8}\tfrac{r^2 N}{l^4} \left(p\,fin.\,t + 5\,q\,cof.\,3\,t \right) \text{ dans } \Pi \ \&$$

$$- \tfrac{3}{8}\tfrac{r^2 N}{l^4} \left(3\,p\,cof.\,t + 5\,q\,cof.\,3\,t \right) \text{ dans } \phi.$$

Le calcul s' en fera feparement des deux autres parties & permettra beaucoup plus d' omiſſions dans le calcul que l' uſage des prémiers termes de ϕ & Π.

XX.

Valeurs de Ω & de ϱ tirées des formules précedentes.

Pour preparer à la maniere d' emploïer ces forces, nous commencerons par en tirer les quantités Ω & ϱ dont la prémiere étant reduite en cofinus de multiples de v, donne auſſitôt les termes de Ξ, c' eſt·à dire du fupplement de $1 - e\,cof.\,m\,v$ dans la valeur de $\frac{k}{r}$ ou dans l'equation de l' orbite & dont la feconde fert à former l'expreſſion du tems.

§. 1. Ne prenant d' abord que les 1ers termes de ϕ & de Π comme nous venons de dire qu' il fuffifoit pour avoir exactement les termes les plus confiderables des equations cherchées, nous verrons d' abord qu' en nommant α' la conſtante $\frac{N k^3 h}{M f^3}$, c' eſt·à-dire le produit de h par la quantité nommée α ci-deſſus nous aurons

Valeur de ϱ & de Ω pour les prémiers termes

$$\varrho = - \tfrac{3}{2}\tfrac{\alpha' k}{} \int \tfrac{r^4}{k^4}\tfrac{f^3}{l^3}\,fin.\,2\,t\,dv \ \& \ \Omega = -\left(\left(\overline{\tfrac{1}{2} - \psi}\,\tfrac{r^3 f^3}{k^3 l^3} - \tfrac{3}{2}\tfrac{r^3 f^3}{k^3 l^3}\,cof.\,2t \right. \right.$$

$$\left. \left. - \tfrac{3\,r\,r\,d\,r\,f^3}{2 k^3\,d\,v\,l^3}\,fin.\,2\,t \right)\alpha + 2\varrho \right) \times \left(1 - 2\varrho + 4\varrho^2 \right)$$

Dans la quelle le facteur $1 - 2\varrho + 4\varrho^2$ est mis à la place du diviseur $1 + 2\varrho$ que devroit avoir la quantité Ω. Au reste le terme $4\varrho^2$ de ce facteur ne demandera d'être emploié que pour les termes les plus confiderables de Ω & il n'a presque d'effet que sur la constante qui fait le prémier terme de ce facteur & la quelle differe très peu de l'unité. On verra aussi qu'en multipliant -2ϱ par $'\Omega$ (j'appelle ainsi le prémier facteur de Ω) il n'y aura qu'un petit nombre des termes de l'un & de l'autre des deux multiplicateurs qui se combineront ensemble, & qu'il ne faudra s'attacher qu'à ceux qui doivent donner des multiples de v petits ou peu differens de l'unité.

§. 2. Si l'on employe ensuite la seconde partie de Φ & de Π pour avoir les supplemens $\varrho^{\cdot}$ & $\Omega^{\cdot}$ que les quantités ϱ & Ω trouvées précedemment reçoivent en vertu de l'inclinaison des orbites l'on trouvera

$$\varrho^{\cdot} = - \frac{\mathbf{1}\, k a \psi'}{2 p} \int \frac{r^4}{k^4} \frac{f^3}{l^3} \textit{fin.}\,(2 t + 2 u) d v$$

$$\& \Omega^{\cdot} = -\left(\psi' a\left(\tfrac{3 r^3}{k^3} \tfrac{f^3}{l^3} \textit{cof.}\; 2 u + \textit{cof.}\,(2t+2u)\right) - \frac{\mathbf{1} a \psi' r r\, d r}{2\, k^3 d v}\cdot\frac{f^2}{l^3} \times \right.$$
$$\left.\textit{fin.}\,(2t+2u) + 2\varrho\right)\times(1-2\varrho) + {}'\Omega(1-2\varrho^{\cdot})$$

Dans la quelle on pourroit sans perdre que quelques secondes negliger le facteur $1 - 2\varrho$ & le terme $'\Omega(1-2\varrho^{\cdot})$. Cependant comme l'usage des ces quantités ne demande que des substitutions grossieres dans les prémiers termes de ϱ & de $'\Omega$ trouvés anterieurement j'y ai eû égard.

§. 3. Enfin si l'on employe la troisieme partie de l' expression des forces pour trouver les seconds supplemens de ϱ & de Ω on aura en nommant $\alpha^{\cdot}$ la quantité $\frac{\alpha\, k}{f}$ c'est-à dire une partie de α proportionelle au rapport qui est entre les distances moiennes de la Lune & du Soleil à la Terre, on aura $\varrho^{\cdot\cdot} = -\tfrac{3}{2}\frac{\alpha^{\cdot} k}{p} \int \frac{r^5}{k^5} \frac{f^4}{l^4} (p\, \textit{fin.}\, t + 5 q\, \textit{fin.}\, 3t) d v$

$$\&\ \Omega'' = -\tfrac{1}{8}\alpha'\,\frac{r^4}{k^4}\,\frac{f^4}{l^4}\,(3p\ \mathrm{co\int.}\ t + 5q\ \mathrm{co\int.}\ 3t) - \frac{3\alpha''}{3^2}\times$$
$$\frac{4\,r^3\,dr}{k^4\,dv}\cdot\frac{f^4}{l^4}\,(p\ \mathrm{\int in.}\ t + 5q\ \mathrm{\int in.}\ 3t) - 2\varrho''.$$

N' aïant point d' égard ici au ſecond facteur de Ω qui eſt inutile.

XXI.

De la manière de former les valeurs des puiſſances de r qui doivent être ſubſtituées dans Ω & dans l' expreſſion du tems.

Comme les valeurs de $\frac{r^2}{k^2}$, $\frac{r^3}{k^3}$ &c. ne ſont autre choſe que les puiſſances $-\,2$, $-\,3$, de $1 - e\ \mathrm{co\int.}\ mv + \Xi$ on trouvera aiſément leurs valeurs par la formule du binome & par les Théoremes de ſinus & de coſinus déja emploïés dans ce memoire. On commencera par faire auparavant

$$a = 1 + 3ee,\ \grave{a} = 1 + 5ee,\ \hat{a} = 1 + \tfrac{15ee}{2},\ \breve{a} = 1 + \tfrac{1}{2}ee$$
$$+ \tfrac{15e^4}{8},\ \acute{a} = 1 + \tfrac{21}{2}ee,\ \acute{e} = e + \tfrac{5}{8}e^3,\ \grave{e} = e + \tfrac{15e^3}{4},\ \hat{e} = e$$
$$+ \tfrac{21e^3}{4},\ \breve{e} = e + \tfrac{3}{2}e^3,\ \ddot{e} = e + 7e^3$$

& l' on aura en ſuite

$$\frac{r^3}{k^3} = \breve{a} + 2\breve{e}\ \mathrm{co\int.}\ mv - 2a\Xi - 6\acute{e}\Xi\ \mathrm{co\int.}\ mv - 6e^2\Xi\ \mathrm{co\int.}\ 2mv$$
$$+ 3\grave{a}\Xi^2 + 12\grave{e}\Xi^2\ \mathrm{co\int.}\ mv$$
$$+ \tfrac{3}{2}ee\ \mathrm{co\int.}\ 2mv$$
$$+ e^3\ \mathrm{co\int.}\ 3mv$$
$$+ \tfrac{5}{8}e^4\ \mathrm{co\int.}\ 4mv$$

$$\frac{r^2}{k^3} = a + 3\acute{e}\ \mathrm{co\int.}\ mv + 3ee\ \mathrm{co\int.}\ 2mv - 3\grave{a}\Xi + 12\grave{e}\Xi\ \mathrm{co\int.}\ mv$$

$$\frac{r^4}{k^4} = \grave{a} + 4\grave{e}\ \mathrm{co\int.}\ mv + 5e^2\ \mathrm{co\int.}\ 2mv - 4\hat{a} - 20\acute{e}\Xi\ \mathrm{co\int.}\ mv$$
$$- 30e^2\Xi\ \mathrm{co\int.}\ 2mv$$

$$\frac{r^5}{k^5} = \hat{a} + 5\hat{e}\ \mathrm{co\int.}\ mv + \tfrac{15}{2}ee\ \mathrm{co\int.}\ 2mv - 5\acute{a}\Xi \cdot 30\ddot{e}\Xi\ \mathrm{co\int.}\ mv$$
$$- \tfrac{105}{2}e^2\Xi\ \mathrm{co\int.}\ 2mv.$$

Quant à $\frac{3rr\,dr}{k^3}$ & à $\frac{4r^3\,dr}{k^4}$ qui entrent auſſi dans Ω, leurs valeurs fe trouveront en differentiant $\frac{r^3}{k^3}$ & $\frac{r^4}{k^4}$.

J' ai eû égard dans la valeur de $\frac{r^2}{k^2}$ aux quarrés de la petite quantité Ξ^2 à caufe que l' expreffion du tems, dans la quelle entre r^2, n' eft point multipliée par la petite quantité α comme le font les termes de la quantité Ω pour les quels on fait ufage des autres puiffances de $\frac{r}{k}$.

L' avantage de ces transformations des puiffances de r c' eft que la valeur de Ξ n' étant jamais que des affemblages de cofinus de multiples de v, auffitôt qu' on introduit un nouveau terme dans la valeur de $\frac{h}{r}$ on trouve dans le moment par les formules précedentes les termes de plus qu' il ajoute aux puiffances de $\frac{r}{k}$.

XXII.

De l' expreffion générale du tems, ou ce qui revient au même de la relation entre la longitude moienne de la Lune & la vraie.

On a eu dans la propofition fondamentale de cette Theorie pour l' expreffion exacte du tems emploié à parcourir un arc quelconque v, la quantité $\frac{1}{pM} \int \frac{rr\,dv}{\sqrt{(1+2\varrho)}}$. Si l' on fait paffer les ϱ au numerateur en reduifant $(1+2\varrho)^{-\frac{1}{2}}$ en fuite on changera cette expreffion en $\frac{k^2}{\sqrt{pM}} \int \frac{rr\,dv}{k^2} \times$ $(1-\varrho+\frac{3}{2}\varrho\varrho-\frac{5}{2}\varrho^3+$ &c.$)$ dont non feulement on peut negliger les autres termes, mais dans la quelle ou peut mettre le terme $\frac{5}{2}\varrho^3$ fans commettre aucune erreur fenfible dans la Theorie de la Lune.

Subftituant en fuite dans cette quantité à la place de $\frac{r^2}{k^2}$ fa valeur qu'on a trouvée dans l'art. précedent, elle deviendra

$$\frac{k^2}{\sqrt{pM}}\left\{ \begin{aligned} &dv + \frac{2\delta}{m}\sin. mv && -\int dv\,(2a\,\Xi + \delta\varrho) - \int (6e^2\,\Xi + \tfrac{3}{2}ee\varrho)\cos. 2mv\,dv \\[4pt] &+ \frac{3ee + \tfrac{5}{2}e^4}{4m}\sin. 2mv \\[4pt] &+ \frac{e^3}{3m}\sin. 3mv && +\int dv\,(3\,a\,\Xi^2 + 2a\varrho\,\Xi + \tfrac{3}{2}\delta\varrho^2) \\[4pt] &+ \frac{3e^4}{32m}\sin. 4mv && +\int dv\,\cos. mv\,(6e'\varrho\,\Xi + 3\delta\varrho^2 + 12\,'e\,\Xi^2) \end{aligned}\right.$$

& lorsque toutes les integrations feront faites & qu' on
aura divifé tous les termes par le coefficient total de v,
on aura une fuite compofée de l' arc v & d' un certain
nombre de termes qui ne feront tous que des finus de multiples de v pour les quels il feroit fort aifé de conftruire
des Tables, au cas qu' on eût befoin de determiner le tems
ou la longitude moienne qui lui eft proportionelle par
le moien de la longitude v. Mais ce feroit une peine
très inutile & c' eft au contraire l' operation inverfe dont
on a befoin en Aftronomie, celle qui donne la longitude
vraie par la longitude moienne,

Nous enfeignerons plus loin le procedé que cette inverfe demande par une methode d' un ufage très facile,
non feulement pour ce probleme, mais pour tous ceux de
même efpece. Au refte j' appelle ici longitude non la
diftance de la Lune prife fur l' Ecliptique au point d' *Aries*,
mais la diftance prife fur l' orbite même de la Lune, entre le lieu de cet aftre & un point fixe d' où je fuppofe
que partent tous les arcs circulaires qui mefurent les angles
v fuffent ils de cent mille circonferences.

XXIII.

Lors qu' on voudra favoir ce que contribue dans l' expreffion du tems quelque partie propofée de la valeur
tant de ϱ que de Ω, foit que cette partie foit la cor-

rection de quelque terme précedemment calculé, ou de quelque terme nouvellement introduit par une combinaifon qu'on n'avoit pas aperçue d'abord ; rien ne fera plus aifé que d'y parvenir par la formule précedente , lorsque ces termes feront petits comme font toûjours ceux, que l'on a aprés les prémieres operations. Dans ces cas fi Ω' & ϱ' expriment ces parties dont on veut favoir l'effet, on aura d'abord par le Lemme II. fans aucune complication, le terme Ξ' introduit par celui de Ω dont il fera queftion, & alors la formule $-\int 2\,a\,\Xi + \breve{a}\,\varrho\,d\,v - \int(\sigma\,\acute{e}\,\Xi + 2\,\breve{e}\,\varrho)\,cof.\,m\,d\,v$ donnera la correction cherchée du tems.

XXIV.

De la manière de trouver les valeurs de fin. 2 t, cof. 2 t &c. qui entrent dans les expreffions des forces.

Nous avons déja vû que la valeur de l'angle t fe tiroit de la comparaifon de l'arc que la Lune parcourt dans un tems donné, avec celui que le Soleil parcourt dans le même tems. Prenant toûjours x pour exprimer la longitude moïenne de la Lune correfpondante à la vraye v ; z pour l'angle parcouru par le Soleil dans le même tems que v l'eft par la Lune, $1 - \frac{1}{n}$ pour le rapport qui eft entre les moïens mouvements de ces deux aftres & i pour l'excentricité de l'orbite du Soleil divifée par le demiparametre ; on aura l'equation

$$z + 2\,i\,fin.\,z + \tfrac{3}{4}\,ii\,fin.\,2\,z = \left(1 - \tfrac{1}{n}\right)x \text{ ou } v - t + 2\,i\,fin\,(v\text{-}t)$$
$$+ \tfrac{3}{4}\,ii\,fin.\,(2\,v - 2\,t) = \left(1 - \tfrac{1}{n}\right)x$$

en negligeant comme on le peut fans aucun fcrupule les puiffances plus élevées de i.

Il ne s'agit donc plus que de tirer t en v de cette equation ; pour y parvenir nous commencerons par faire $w = v - \left(1 - \frac{1}{n}\right)x$ ce qui changera l'equation précedente en $t = w + 2i\,\mathit{fin}.\,(v-t) + \frac{1}{4}ii\,\mathit{fin}.\,(2v - 2t)$ de la quelle on tirera facilement

$$t = w + 2i\,\mathit{fin}.\,(v-w) - \frac{5}{4}ii\,\mathit{fin}.\,(2v - 2w) \text{ ou}$$

$$t = v - \left(1 - \frac{1}{n}\right)x + 2i\,\mathit{fin}.\left(1 - \frac{1}{n}\right)x - \frac{5}{4}ii\,\mathit{fin}.\left(2 - \frac{2}{n}\right)x$$

qui donnera la valeur cherchée de t en v auſſitôt qu'on aura celle de x ou l'expreſſion du tems.

Comme nous avons déja vû dans l'Art. XVIII quelle etoit la forme (& même à peu près la valeur) des premiers termes de x, prenons ceux de $\left(1 - \frac{1}{n}\right)x$ qui en reſultent .

$$\left(1 - \frac{1}{n}\right)v + \mathit{\epsilon}\,\mathit{fin}.\,mv - \epsilon\,\mathit{fin}.\,\frac{2v}{n} + r\,\mathit{fin}.\left(\frac{2}{n} - mv\right) - \lambda\,\mathit{fin}.\left(1 - \frac{1}{n}\right)v + \mu\,\mathit{fin}.\left(\frac{3}{n} - 1\right)v$$
$$+ \delta\,\mathit{fin}.\,2mv$$

les coefficiens $\mathit{\epsilon}$, δ &c. de cette quantité etant ceux de la valeur de x multipliés par la fraction $1 - \frac{1}{n}$.

On trouvera facilement par des methodes déja emploïées dans ce memoire le ſinus de cette quantité dont on a beſoin pour la valeur de t. Et cette valeur multipliée par $2i$ donnera

$$2i\left(1 - \frac{1}{4}\mathit{\epsilon}^2\right)\mathit{fin}.\left(1 - \frac{1}{n}\right)v + \mathit{\epsilon}i\,\mathit{fin}.\left(m + 1 - \frac{1}{4}\right)v - i\epsilon\,\mathit{fin}.\left(1 + \frac{1}{n}\right)v + ir\,\mathit{fin}.\left(1 + \frac{1}{n} - m\right)v + i\mu\,\mathit{fin}.\frac{2}{n}v$$

$$- i\lambda\,\mathit{fin}.\left(2 - \frac{2}{n}\right)v \quad , \quad - \mathit{\epsilon}i\,\mathit{fin}.\left(m + \frac{1}{n} - 1\right)v - i\epsilon\,\mathit{fin}.\left(\frac{3}{n} - 1\right)v - ir\,\mathit{fin}.\left(\frac{1}{n} - 1 - m\right)v + i\mu\,\mathit{fin}.\left(\frac{4}{n} - 2v\right)$$

en negligeant quelques quantités dont l'effet ſeroit inſenſible. Quant à la valeur de $\frac{5}{4}ii\,\mathit{fin}.\left(2 - \frac{2}{n}\right)x$ elle ſera ſimplement $\frac{5}{4}ii\,\mathit{fin}.\left(2 - \frac{2}{n}\right)v$ en cette rencontre à cauſe de la petiteſſe de ſon coefficient. Cela poſé ſi l'on n'admet dans l'expreſſion du tems que les termes de l'eſpece de ceux qu'on vient d'admettre dans la valeur de x, on aura après avoir fait

$$\epsilon + \mu$$

$$\varepsilon + \mu = \vartheta \qquad\qquad i\left(1 - \tfrac{1}{4}\mathfrak{c}\,\mathfrak{c}\right) + \tfrac{1}{2}\lambda = \gamma$$

$$t = \frac{v}{n} - \mathfrak{c}\,\mathit{fin}.\,m\,v + \vartheta\mathit{fin}.\,\frac{2\,v}{n} + 2\ddot{\imath}\,\mathit{fin}.\left(1 - \tfrac{1}{n}\right)v - (\mu + i\varepsilon)\,\mathit{fin}.\left(\tfrac{1}{n} - 1\right)v - \mathfrak{c}\,i\,\mathit{fin}.\left(m + 1 - \tfrac{1}{n}\right)v$$

$$- \delta\,\mathit{fin}.\,2\,m\,v \qquad\qquad -\left(i\lambda + \tfrac{5}{4}\,i\,i\right)\mathit{fin}.\left(2 - \tfrac{2}{n}\right)v - i\varepsilon\,\mathit{fin}.\left(1 + \tfrac{1}{n}\right)v - \mathfrak{c}\,i\,\mathit{fin}.\left(m + \tfrac{1}{n} - 1\right)v$$

$$- r\,\mathit{fin}.\left(\tfrac{2}{n} - m\right)v$$

$$- i\,r\,\mathit{fin}.\left(1 + \tfrac{1}{n} - m\right)v + i\,r\,\mathit{fin}.\left(\tfrac{1}{n} - 1 - m\right)v$$

de la quelle on tirera, en faifant $\ddot{a} = 1 - 4\,\ddot{\imath}\,\ddot{\imath} - \mathfrak{c}^2 - r^2 - \vartheta^2$,

$$\mathit{fin}.\,2\,t = \ddot{a}\,\mathit{fin}.\frac{2\,v}{n} - \mathfrak{c}(1 - \vartheta)\mathit{fin}.\left(\tfrac{2}{n} + m\right)v - \left(\delta - \tfrac{1}{2}\mathfrak{c}^2\right)\mathit{fin}.\left(\tfrac{2}{n} + 2m\right)v - (\vartheta + \mathfrak{c}\,r)\mathit{fin}.\tfrac{4}{n}v + \mu\,\mathit{fin}.\left(1 - \tfrac{1}{n}\right)v + 2\ddot{\imath}\,\mathit{fin}.\left(1 + \tfrac{1}{n}\right)v + \left(\tfrac{5}{4}ii + 2\ddot{\gamma}\ddot{\gamma} + \lambda i\right)\mathit{fin}.\left(\tfrac{4}{n} - 2\right)v$$

$$+ \mathfrak{c}(1 - \vartheta)\mathit{fin}.\left(\tfrac{2}{n} - m\right)v + \left(\delta + \tfrac{1}{2}\mathfrak{c}^2 - \tfrac{1}{2}r^2\right)\mathit{fin}.\left(\tfrac{2}{n} - 2m\right)v - r(1 - \vartheta)\mathit{fin}.\left(\tfrac{4}{n} - m\right)v \qquad\qquad - 2\ddot{\imath}\,\mathit{fin}.\left(\tfrac{2}{n} - 1\right)v + \left(2\ddot{\imath}\ddot{\imath} - i\lambda - \tfrac{5}{4}ii\right)\mathit{fin}.\,2v$$

$$+ r(1 - \vartheta)\,\mathit{cof}.\,m\,v$$

$$- (2\mathfrak{c}\ddot{\gamma} - \mathfrak{c}i)\mathit{fin}.\left(1 + \tfrac{1}{n} + m\right)v + (2\mathfrak{c}\ddot{\gamma} - \mathfrak{c}i)\mathit{fin}.\left(\tfrac{1}{n} - 1 + m\right)v + r\,i\,\mathit{fin}.\left(m + \tfrac{1}{n} - 1\right)v$$

$$- (2\mathfrak{c}\ddot{\gamma} - \mathfrak{c}i)\mathit{fin}.\left(\tfrac{1}{n} - 1 - m\right)v + (2\mathfrak{c}\ddot{\gamma} - \mathfrak{c}i)\mathit{fin}.\left(1 + \tfrac{1}{n} - m\right)v + r\,i\,\mathit{fin}.\left(m + 1 - \tfrac{1}{n}\right)v$$

$$\mathit{cof}.\,2\,t = \ddot{a}\,\mathit{cof}.\frac{2}{n}v - \mathfrak{c}(1 + \vartheta)\mathit{cof}.\left(\tfrac{2}{n} + m\right)v - \left(\delta - \tfrac{1}{2}\mathfrak{c}^2\right)\mathit{cof}.\left(\tfrac{2}{n} + 2m\right)v - (\vartheta + \mathfrak{c}\,r)\mathit{cof}.\tfrac{4}{n}v - \vartheta + (\mu + i\varepsilon)\mathit{cof}.\left(1 - \tfrac{1}{n}\right)v + 2\ddot{\gamma}\,\mathit{cof}.\left(1 + \tfrac{1}{n}\right)v + \left(\tfrac{1}{2}ii + 2\ddot{\gamma}\ddot{\gamma} + i\lambda\right)\mathit{cof}.\left(\tfrac{4}{n} - 2\right)v$$

$$+ \mathfrak{c}(1 + \vartheta)\mathit{cof}.\left(\tfrac{2}{n} - m\right)v + \left(\delta + \tfrac{1}{2}\mathfrak{c}^2 + \tfrac{1}{2}r^2\right)\mathit{cof}.\left(\tfrac{2}{n} - 2m\right)v - r(1 + \vartheta)\,\mathit{cof}.\left(\tfrac{4}{n} - m\right)v \qquad - 2\ddot{\imath}\,\mathit{cof}.\left(\tfrac{2}{n} - 1\right)v + 2\ddot{\imath}\ddot{\imath} - i\lambda - \tfrac{5}{4}ii)\,\mathit{cof}.\,2v$$

$$+ r(1 + \vartheta)\,\mathit{cof}.\,m\,v.$$

$$- (2\mathfrak{c}\ddot{\gamma} - \mathfrak{c}i)\mathit{cof}.\left(1 + \tfrac{1}{n} + m\right)v + (2\mathfrak{c}\ddot{\gamma} - \mathfrak{c}i)\mathit{cof}.\left(\tfrac{1}{n} - 1 + m\right)v + r\,i\,\mathit{cof}.\left(m + \tfrac{1}{n} - 1\right)v$$

$$- (2\mathfrak{c}\ddot{\gamma} - \mathfrak{c}i)\mathit{cof}.\left(\tfrac{1}{n} - 1 - m\right)v + (2\mathfrak{c}\ddot{\gamma} - \mathfrak{c}i)\,\mathit{cof}.\left(1 + \tfrac{1}{n} - m\right)v + r\,i\,\mathit{cof}.\left(m + 1 - \tfrac{1}{n}\right)v$$

A l'egard des autres termes de la valeur de x qu'on n'a pas emploïé ici pour determiner t, on ne peut pas les negliger entierement, mais il n'eft pas neceffaire de recommencer le calcul précedent pour les y faire entrer parce qu'ils font affés petits pour qu'on decouvre tout de fuite ceux qu'ils produiront dans la valeur de *fin.* $2\,t$ & de *cof.* $2t$.

Que $q\,\mathit{fin}.\,p\,v$ foit en général un des termes de x qui fuivent ceux aux quels nous aurons eû égard

$$q\left(1 - \tfrac{1}{n}\right)\mathit{fin}.\left(\tfrac{2}{n} - p\right)v - q\left(1 - \tfrac{1}{n}\right)\mathit{fin}.\left(\tfrac{2}{n} + p\right)v \;\&$$

$$q\left(1 - \tfrac{1}{n}\right)\mathit{cof}.\left(\tfrac{2}{n} - p\right)v - q\left(1 - \tfrac{1}{n}\right)\mathit{cof}.\left(\tfrac{2}{n} + p\right)v \text{ feront ceux}$$

de la valeur de *fin.* $2\,t$ & de *cof.* $2\,t$ qui en refulteront.

G

On voit que dès qu'on aura trouvé par une prémiere solution l'expreſſion du tems, on pourra avoir aſſés exactement la valeur de *ſin.* $2t$ & de *coſ.* $2t$ à cauſe de la multiplication par la petite fraction $1 - \frac{1}{n}$ que tous les coefficiens de x ſubiſſent en paſſant dans t. Et le dernier moïen que nous venons de donner pour avoir égard aux termes non admis d'abord, rend en même tems aiſé de rectifier les coefficiens de tous les termes de *ſin.* $2t$ & de *coſ.* $2t$, auſſitôt qu'on corrige ceux de l'expreſſion du tems.

A l'égard des ſinus & coſinus de t & de $3t$, qui entrent auſſi dans les expreſſions de Ω, ϱ, ils demandent bien moins de préciſion pour être tirés de la valeur de t, à cauſe qu'ils ſont tous multipliés par le coefficient α' qui eſt auſſi petit par rapport au coefficient α des premiers termes que la diſtance moienne de la Lune l'eſt à l'égard de celle du Soleil.

XXV.

Je ne dirai rien ici de la maniere d'exprimer les angles u & $u + t$ dont l'un eſt la diſtance du Soleil au Noeud, & l'autre celle de la Lune au même point, mais la valeur de ces angles & des quantités qui leur appartiennent ſera facile à trouver lors qu'on aura vû dans la ſeconde partie de ce memoire la determination du lieu du Noeud pour un inſtant quelconque donné.

XXVI.

De la maniére de faire diſparoître les quantités $\frac{f^3}{i^3}$, $\frac{f^4}{i^4}$ qui entrent dans les valeurs de Ω & de ϱ.

L'orbite du Soleil étant toûjours ſuppoſée une Ellipſe dont le Parametre du demi axe eſt f, l'excentricité $f\,i$, &

dont l'equation eſt par conſequent $\frac{f}{l} = 1 - i\,coſ.\,z$ ou $\frac{f}{l} = 1 - i\,coſ.\,(v-t)$ on a $\frac{f^3}{l^3} = 1 + \frac{3}{2}ii - 3i\,coſ.(v-t) + \frac{3}{2}ii\,coſ.(2v-2t)$ de la quelle il s'agit de chaſſer $coſ\,(v-t)$ & $coſ.(2v-2t)$.

Pour cela reprenant la valeur de t employéé dans l'Art. XXIV on en tirera

$$v - t = \left(1 - \tfrac{1}{n}\right)v + \varepsilon\,ſin.\,mv - 2i\,ſin.\left(1 - \tfrac{1}{n}\right)v - 9\,ſin.\tfrac{2}{n}v$$
$$+ \delta\,ſin.\,2mv + \tfrac{5}{4}ii\,ſin.\left(2 - \tfrac{2}{n}\right)v + r\,ſin.\left(\tfrac{2}{n} - m\right)v$$

en negligeant la petite difference entre $\ddot{\imath}$ & i dans le terme $ſin.\left(1 - \tfrac{1}{n}\right)v$ & le terme $i\,\lambda$ dans $ſin.\left(2 - \tfrac{2}{n}\right)v$.

Or de cette expreſſion on tirera en omettant quelques termes dont l'effet eſt inſenſible

$$coſ.\,(v-t) = 1 - \tfrac{9}{8}ii\,coſ.\left(1 - \tfrac{1}{n}\right)v - \tfrac{1}{2}\varepsilon\,coſ.\left(m - 1 + \tfrac{1}{n}\right)v - \tfrac{1}{2}r\,coſ.\left(\tfrac{1}{n} - 1 - m\right)v$$
$$- i\,coſ.\left(2 - \tfrac{2}{n}\right)v + \tfrac{1}{2}\varepsilon\,coſ.\left(m + 1 - \tfrac{1}{n}\right)v + \tfrac{1}{2}r\,coſ.\left(1 + \tfrac{1}{n} - m\right)v$$

Quant au coſinus de $(2v-2t)$ on le prendra pour $coſ.\left(2 - \tfrac{2}{n}\right)v$ vû la petiteſſe du terme où il entre.

Cela poſé on aura

$$\frac{f^3}{l^3} = 1 - \tfrac{1}{2}ii + 3i\left(1 - \tfrac{5}{8}ii\right)coſ.\left(1 - \tfrac{1}{n}\right)v + \tfrac{3}{2}\varepsilon i\,coſ.\left(m - 1 + \tfrac{1}{n}\right)v + \tfrac{3}{2}i\,r\,coſ.\left(\tfrac{1}{n} - 1 - m\right)v$$
$$+ \tfrac{9}{2}ii\,coſ\left(2 - \tfrac{2}{n}\right)v - \tfrac{3}{2}\varepsilon i\,coſ.\left(m + 1 - \tfrac{1}{n}\right)v - \tfrac{3}{2}i\,r\,coſ.\left(1 + \tfrac{1}{n} - m\right)v$$

pour $\frac{f^4}{l^4}$ il ſuffira de mettre à ſa place $1 - 4i\,coſ.\left(1 - \tfrac{1}{n}\right)v$.

XXVII.

En reflechiſſant ſur les termes que doivent introduire dans Ω toutes les quantités précedentes on voit qu'il ſe peut gliſſer dans cette quantité des coſinus de l'angle v dont nous avons vû Art. VII le dangereux effet d'amener dans la valeur de r des arcs au lieu de leurs coſinus, de tels termes viendront par exemple de la combinaiſon des coſinus de $\left(1 - \tfrac{1}{n}\right)v$ que contient $\frac{f^3}{l^3}$ avec des coſinus de $\tfrac{v}{n}$ donnés dans la valeur de $\frac{r^3}{k^3}$ ou dans celle de $coſ.\,t$ &c.

Pour eviter cet inconvenient qui ôteroit à la folution précedente l'avantage de convenir à un auffi grand nombre de revolutions que l'on voudroit, & la priveroit de la fimplicité & de l'univerfalité fi précieufe en Mathematique, il faut commencer par en chercher la caufe. Or on decouvre facilement que ces termes ne viennent que de ce que l'on a fuppofé fixe l'apogée du Soleil, ce qui n'eft pas permis en toute rigueur puisque quelque petite que foit, fur cet aftre, l'action de la Lune, elle n'en eft pas moins réelle & doit lui produire un mouvement d'apogée quoique très lent à la vérité. Voïons donc comment l'on auroit égard à ce mouvement. On y parviendroit en prenant pour équation de l'orbite du Soleil $\frac{f}{r} = 1 - i\; cof.\; pz$ qui au lieu d'introduire des cofinus de $1 - \frac{1}{n}v$ introduiroit des cofinus de $p\left(1 - \frac{1}{n}\right)v$ les quels fe mêlant avec les $\frac{v}{n}$ ne donneroient jamais des *cof. v*, mais des *cof. p v*.

A la verité ces Cof. *p v* auroient encore un inconvenient fuivant ce que nous avons remarqué Art. VIII. celui de la petiteffe extreme du divifeur $pp - 1$ qu'auroit le terme de même efpece qui leur répondroit dans la valeur de $\frac{k}{r}$. Car il faudroit en confequence de cette petiteffe porter fi loin le fcrupule dans les differentes combinaifons qui produiroient ces fortes de termes & calculer avec tant de foin leurs coefficiens que l'operation en feroit très fatigante pour ne pas dire impraticable. Mais on n'aura pas de regret de l'abandonner lors qu'on remarquera qu'après toutes les peines qu'on auroit prifes pour ne rien negliger, l'operation manqueroit faute d'avoir la vraïe valeur de p que l'on ne pourroit tirer ni du Probleme des trois corps à caufe de l'action des

autres planetes, qu' on ne peut negliger en cette rencontre, ni des Phenomenes mêmes par l' incertitude des obfervations pour un mouvement auffi lent que celui de l'apogée du Soleil.   Au refte loin d' entreprendre de fi penibles calculs on voit un parti fort fimple à prendre & beaucoup plus utile, c'eft de calculer toutes les autres équations du mouvement de la Lune, fur les quelles celle du
mouvement de l' Apogée du Soleil ne peut faire aucun
effet, de comparer enfuite les lieux calculés avec la Theorie & de voir ce que les differences permettent de fuppofer par rapport à l' equation qui doit refulter des *cof. p v.*
L' operation eft alors fort facile. .

AVERTISSEMENT.

Le peu de tems qui me refte d' ici au terme fixé
par l' Academie Impériale de St. Petersbourg, pour l'ad-
miffion des pieces, ne me permet pas de mettre en ordre d' un maniere fuffiffamment claire tous les calculs des
fubftitutions aux quelles feules fe reduit maintenant la determination des termes tant de l' équation de l' orbite
que de l' expreffion du tems: Mais comme il n' eft plus
queftion que de la longeur des operations, donc j'ai vain-
cu ou diminué le dégout à l' aide des préceptes donnés
ci-deffus, & de quelques artifices faciles à imaginer à ceux
qui ont travaillé fur la même matiere, j' efpere qu' on
me pardonnera de me contenter d'en donner fimplement
les refultats fuivans.

XXVIII.

Equation de l' orbite.

$$\frac{k}{r} = 1 - 0,05505\cos. mv + 0,0071624\cos.\tfrac{2}{n}v - 0,0111000\cos.(\tfrac{2}{n}-m)v + 0,0002024\cos.(\tfrac{2}{n}+m)v + 0,0010825\cos.(\tfrac{2}{n}-2m)v$$

$$+ 0,0000773\cos.(1-\tfrac{1}{n})v + 0,0000541\cos.(1+\tfrac{1}{n})v - 0,0004880\cos.(\tfrac{3}{n}-1)v - 0,00009211\cos.(1+\tfrac{1}{n}-m)v$$

$$- 0,0000094\cos.(2-\tfrac{2}{n})v$$

$$+ 0,00046492\cos.(\tfrac{3}{n}-1-m)v + 0,00025049\cos.(m+\tfrac{1}{n}-1)v - 0,00017479\cos.(m+1-\tfrac{1}{n})v$$

$$+ 0,00000005\cos.(1+\tfrac{1}{n}-2m)v - 0,00003761\cos.(\tfrac{3}{n}-1-2m)v$$

$$- 0,00025531\cos.\tfrac{v}{n} + 0,00002004\cos.(\tfrac{1}{n}-m)v + 0,000001158\cos.(1-m)v$$

$$+ 0,0000220\cos.(2+2\omega)v - 0,0000333\cos.(2-\tfrac{2}{n}+2\omega)v + 0,00022835\cos.(2-m+\omega)v - 0,0000209\cos.(2-2m+2\omega)v$$

XXIX.

Valeur générale de la longitude moienne.

$$x = v + 0,1106996\sin. mv + 0,0005352\sin.\tfrac{1}{n}v - 0,0001934\sin.(\tfrac{1}{n}-m)v - 0,0000215\sin.(\tfrac{1}{n}+m)v$$

$$+ 0,0022679\sin. 2mv - 0,0093021\sin.\tfrac{2v}{n} - 0,0004816\sin.(\tfrac{2}{n}-2m)v - 0,0000298\sin.(\tfrac{2}{n}+2m)v$$

$$+ 0,0000555\sin. 3mv$$

$$+ 0,0227726\sin.(\tfrac{2}{n}-m)v - 0,0007160\sin.(\tfrac{2}{n}+m)v + 0,0000446\sin.(\tfrac{2}{n}-3m)v$$

$$- 0,0028091\sin.(1-\tfrac{1}{n})v - 0,0000674\sin.(1+\tfrac{1}{n})v + 0,0006661\sin.(\tfrac{3}{n}-1)v + 0,0001802\sin.(1+\tfrac{1}{n}-m)v$$

$$+ 0,0001040\sin.(2-\tfrac{2}{n})v$$

$$- 0,0009810\sin.(\tfrac{3}{n}-1-m)v - 0,0001074\sin.(1+\tfrac{1}{n}-2m)v + 0,0000578\sin.(\tfrac{3}{n}-1-2m)v - 0,0005133\sin.(m+\tfrac{1}{n}-1)v$$

$$+ 0,0005162\sin.(m+1-\tfrac{1}{n})v + 0,0000546\sin.(\tfrac{3}{n}-1+m)v - 0,0001864\sin.(1-m)v$$

$$- 0,000491\sin.(2+2\omega)v + 0,0005930\sin.(2-\tfrac{2}{n}+2\omega)v - 0,0005456\sin.(2-m+2\omega)v$$

$$- 0,00058581\sin.(2-2m+2\omega)v$$

XXX.

Les termes affectés de $\tfrac{1}{n}v$, $(\tfrac{1}{n}-m)v$, $(\tfrac{1}{n}+m)v$, $(1-m)v$ que renferment ces deux quantités font ceux qui demandent la confidération de la parallaxe du Soleil.

Les quatre derniers de l' une & de l' autre de ces quantités font ceux qui réfultent de la variation de la pofitio n de l' orbite de la Lune par rapport au Soleil. L lettr e ω qui entre dans les termes exprime le rapport du moïe n mouvement du Noeud à celui-de la Lune.

La determination de ces termes demande ainfi que nous l'avons déja dit, quelque chofe de plus que ce qui precede, mais on verra qu'ils fe trouvent de la même maniere que les prémiers lorsqu'on aura appris dans la 2de Partie à trouver le mouvement des Noeuds & la variation de l'Inclinaifon.

Les feuls élemens aftronomiques que j'aye emploïés pour parvenir aux quantités précedentes font

1° l'excentricité e que je fuppofe de 0,05505, c'eft-à-dire égale à la moienne de celles qu'on prend dans la Theorie ordinaire.

2° Le rapport du mouvement moïen du Soleil à celui de la Lune que j'ai fait $= 0,074801$1.

3° L'excentricité de l'orbite folaire que j'ai pris de 0,01683.

4° La parallaxe du Soleil que j'ai fuppofé de 12″.

XXXI.

LEMME III.

Dans une équation telle que $x = v + a$ *fin.* mv *où* a *eft une quantité peu au deffus de* $0,1$ *& où* m *n'eft pas fort different de l'unité, la valeur de* v *en* x *fera determinée à moins de* $2''$ *ou* $3''$ *d'erreur par la formule*

$$v = x - a\left(1 - \tfrac{m^2 a^2}{4}\right) fin. mx + \tfrac{1}{2} a^2 m \, fin. 2mx - \tfrac{1}{3} a^3 m^2 \, fin. 3mx.$$

XXXII.

LEMME IV.

Dans l'equation $x = v + a\ \sin.\ mv + b\ \sin.\ pv$ *qui contient de plus que la précedente un terme dont le coefficient est restraint de même à ne jamais surpasser considerablement* 0, 1 *& où p est plûtôt au dessous de* 2 *qu'au dessus, l'on aura avec une exactitude à peuprès la même*

$$v = x - a\left(1 - \frac{m^2 a^2}{8} - \frac{m^2 b^2}{4}\right)\sin.\,m\,x + \frac{ab}{2}x(p+m)\sin.(p+m)x - \frac{1}{8}a^2 b(2m+p)^2\sin.(2m+p)x$$

$$+ \frac{1}{2}a^2 m\,\sin.\,2\,mx - \frac{ab}{2}(p-m)\sin.(p-m)x + \frac{1}{8}a^2 b(2m-p)^2\sin.(2m-p)x$$

$$- \frac{3}{8}a^3 m^2\,\sin.\,3mx$$

$$- \frac{1}{8}b^2 a(2p+m)^2\,\sin.(2p+m)x$$

$$- b\left(1 - \frac{p^2 b^2}{8} - \frac{p^2 a^2}{4}\right)\sin.\,px \qquad + \frac{1}{8}b^2 a(2p-m)^2\,\sin.(2p-m)x$$

$$+ \frac{1}{2}pb^2\,\sin.\,2\,px$$

$$- \frac{3}{8}p^2 b^2\,\sin.\,3\,px$$

XXXIII.

XXXIII.

LEMME V.

Enfin dans l' équation $x = v + a\, \text{fin. } mv + b\, \text{fin. } pv + c\, \text{fin. } qv$
où le 3^{cme} *terme eft foumis aux mêmes conditions on a*

$$
\begin{aligned}
v = x - a\Big(1 - \tfrac{m^2a^2}{8} - \tfrac{m^2b^2}{4} - \tfrac{m^2c^2}{4}\Big)\text{fin. } mx &+ \tfrac{ab}{2}(p+m)\text{fin. }(p+m)x - \tfrac{1}{8}a^2b(2m+p)^2\text{fin.}(2m+p)x - \tfrac{1}{4}abc(q+p+m)^2\text{fin. }(q+p+m)x \\
&+ \tfrac{1}{8}a^2b(2m-p)^2\,\text{fin.}(2m-p)x + \tfrac{1}{4}abc(q+p-m)^2\,\text{fin. }(q+p-m)x \\
+ \tfrac{1}{2}a^2m\,\text{fin. }2mx - \tfrac{ab}{2}(p-m)\,\text{fin.}(p-m)x&\\
&- \tfrac{1}{8}ab^2(2p+m)^2\,\text{fin.}(2p+m)x + \tfrac{1}{4}abc(q-p+m)^2\text{fin.}(q-p+m)x \\
- \tfrac{3}{8}a^3m^2\,\text{fin.}3mx + \tfrac{ac}{2}(q+m)\text{fin.}(q+m)x&\\
&+ \tfrac{1}{8}ab^2(2p-m)^2\,\text{fin.}(2p-m)x + \tfrac{1}{4}abc(m-q+p)^2\,\text{fin.}(m-q+p)x \\
- b\Big(1 - \tfrac{p^2b^2}{8} - \tfrac{p^2a^2}{4} - \tfrac{p^2c^2}{4}\Big)\text{fin. } px - \tfrac{ac}{2}(q-m)\text{fin.}(q-m)x &- \tfrac{1}{8}a^2c(2m+q)^2\,\text{fin.}(2m+q)x \\
+ \tfrac{1}{2}b^2p\,\text{fin. }2px + \tfrac{bc}{2}(p+q)\text{fin.}(q+p)x &+ \tfrac{1}{8}a^2c(2m-q)^2\,\text{fin.}(2m-q)x \\
- \tfrac{3}{8}p^2b^3\,\text{fin. }3px - \tfrac{bc}{2}(q-p)\,\text{fin. }(q-p)x &- \tfrac{1}{8}c^2a(2q+m)^2\,\text{fin.}(2q+m)x \\
&+ \tfrac{1}{8}c^2a(2q-m)^2\,\text{fin.}(2q-m)x \\
- c\Big(1 - \tfrac{q^2c^2}{8} - \tfrac{q^2b^2}{4} - \tfrac{q^2a^2}{4}\Big)\text{fin.}qx &\\
&- \tfrac{1}{8}b^2c(2p+q)^2\,\text{fin. }(2p+q)x \\
+ \tfrac{1}{2}c^2q\,\text{fin. }2qx &+ \tfrac{1}{8}b^2c(2p-q)^2\,\text{fin. }(2p-q)x \\
- \tfrac{3}{8}c^3q^2\,\text{fin. }3qx &- \tfrac{1}{8}bc^2(2p+q)^2\,\text{fin. }(2p+q)x \\
&+ \tfrac{1}{8}bc^2(2p+q)^2\,\text{fin. }(2q+p)x
\end{aligned}
$$

On trouveroit aifement d' après ces Lemmes la refolution des Equations qui contiendroient un plus grand nombre de termes.

XXXIV.

PROBLEME VI.

On propofe de tirer de l' expreffion générale de l'Art. **XXIX.** *la valeur de la longitude vraïe exprimée en lon-*

gitude moïenne x, *& l' on demande la maniere la plus ſimple de rectifier cette valeur de* v *lorsqu' on fera quelque correction, ou qu' on ajoutera quelques nouveaux termes à* x.

§. 1. Nous ne prendrons d'abord que les quatre termes $v + 0,1106996 \, \text{ſin.} mv + 0,0227726 \, \text{ſin.} (\frac{2}{n} - m) v - 0,0093021 \, \text{ſin.} \frac{2}{n} v$ de la valeur de x & mettant a à la place de 0,1106996; α à la place de 0,0227726 & $-\beta$ à la place de 0,0093021 nous aurons par le Lemme précedent pour la reſolution de cette équation en negligeant quelques uns des termes de ce Lemme à cauſe que α & β ſont beaucoup plus petits qu'on n'avoit ſupposés b & c.

$$v = x - \left\{ \begin{matrix} a - \frac{m^2 a^3}{8} - \frac{m^2 \alpha^2}{4} \\ - \frac{m^2 a \beta^2}{4} - \frac{\alpha \beta m}{4} \end{matrix} \right\} \text{ſin.} mx - \left(\alpha - \frac{(\frac{2}{n} - m)^2 \alpha a^2}{4} - a\beta(\frac{2}{n} - m) \right) \text{ſin.} (\frac{2}{n} - m) x + (\beta - \frac{a^2 \beta}{nn} - \beta \alpha^2 + \frac{a\alpha}{n} \text{ſin.} \frac{2}{n} x$$

$$+ (\tfrac{1}{2} a^2 m - \alpha \beta a m^2) \text{ſin.} 2mx + (\tfrac{1}{2} \alpha^2 (\tfrac{2}{n} - m) - \alpha \beta a (\tfrac{2}{n} - m)^2) \text{ſin.} (\tfrac{4}{n} - 2m) x + (\tfrac{1}{n} \beta^2 + \tfrac{4 a \alpha}{nn} \beta) \text{ſin.} \tfrac{4}{n} x$$

$$- \tfrac{3}{8} a^3 m^2 \text{ſin.} 3mx$$

$$- \alpha a (m - \tfrac{2}{n}) \text{ſin.} (2m - \tfrac{2}{n}) x - \left(\tfrac{\alpha\beta}{2} (\tfrac{2}{n} + m) + \tfrac{1}{8} a^2 \alpha (\tfrac{2}{n} + m)^2 \right) \text{ſin.} (\tfrac{2}{n} + m) x + \tfrac{1}{8} a^2 \alpha (3m - \tfrac{2}{n})^2 \text{ſin.} (3m - \tfrac{2}{n}) x + \tfrac{1}{8} a \alpha^2 (\tfrac{4}{n} - 3m)^2 \text{ſin.} (\tfrac{4}{n} - 3m) x$$

$$+ \tfrac{1}{8} a^2 \beta (\tfrac{1}{n} + m)^2 \text{ſin.} (\tfrac{2}{n} + 2m) x - \left(\tfrac{\alpha\beta}{2} (\tfrac{4}{n} - m) + \tfrac{1}{8} a \alpha^2 (\tfrac{4}{n} - m)^2 - \tfrac{1}{8} a \beta^2 (\tfrac{4}{n} - m)^2 \right) \text{ſin.} (\tfrac{4}{n} - m) x - \tfrac{1}{8} \beta^2 a (\tfrac{4}{n} + m)^2 \text{ſin.} (\tfrac{4}{n} + m) x$$

§. 2. Quant aux autres termes de la même equation comme ils ſont beaucoup plus petits que ces trois premiers on pourra trouver ce qu' ils ajoutent à la valeur de v par la formule ſuivante :

Que $+ d \, \text{ſin.} \, q v$ réprésente un de ces termes quelconques, ceux qu' il introduira dans la valeur de x seront exprimés par

$$-(x-\tfrac14 q^2a^2)\sin.qx+\tfrac12 ad(m+q)\sin.(m+q)x+\tfrac12\alpha d(\tfrac2n-m+q)\sin.(\tfrac2n-m+q)x-\tfrac12 ed(\tfrac2n+q)\sin.(\tfrac2n+q)x$$

$$-\tfrac12 ad(m-q)\sin.(m-q)x-\tfrac12\alpha d(\tfrac2n-m-r)\sin.(\tfrac2n-m-q)x+\tfrac12 ed(\tfrac2n-q)\sin.(\tfrac2n-q)x$$

$$-\tfrac18 a^2d(2m+q)^2\sin(2m+q)x$$

$$+\tfrac18 a^2d(2m-q)^2\sin.(2m-q)x$$

§. 3. Mais cette valeur quoique beaucoup plus abregée que celle que donne la methode des Lemmes précedens, fera encore d' une exactitude fuperflue dans les plus petits termes de la valeur de x tels que $0,0001802\times\sin.(\tfrac1n+1-m)v$ &c. On pourra fe contenter dans ces termes de la formule

$$-d\sin.qx+\tfrac12 ad(m+q)\sin.(m+q)x-\tfrac12 ad(m-q)\sin.(m-q)x$$

§. 4. Si l' on emploïe maintenant toutes ces formules on trouvera la refolution de l' equation de l' Art. XXIX la quelle fera

$$x=-0,1105137\sin.mx-0,0005462\sin.\tfrac1n x-0,0223318\sin.(\tfrac2n-m)x+0,0001954\sin.(\tfrac7n-m)x+0,0000340\sin.(\tfrac1n+m)x$$

$$+0,0037918\sin.2mx+0,0116083\sin.\tfrac2n x+0,0002115\sin.(\tfrac4n-2m)x+0,0006495\sin.(\tfrac2n-2m)x+0,0000455\sin.(\tfrac2n+2m)x$$

$$-0,0001805\sin.3mx+0,0001301\sin.\tfrac4n x\qquad-0,0000896\sin.(\tfrac2n-3m)x-0,0003308\sin.(\tfrac4n-m)x$$

$$+0,0028100\sin.(1-\tfrac1n)x+0,0001016\sin.(1+\tfrac1n)x-0,0007897\sin.(\tfrac3n-1)x-0,0002145\sin.(1+\tfrac1n-m)x+0,0009788\sin.(\tfrac3n-1-m)x$$

$$-0,0001040\sin.(2-\tfrac2n)x+0,0001411\sin.(\tfrac3n-1+m)x+0,0001075\sin.(1+\tfrac1n-2m)x-0,0000596\sin.(\tfrac3n-1-2m)x-0,0000563\sin.(2m+\tfrac1n-1)$$

$$+0,0006666\sin.(m+\tfrac1n-1)x-0,0000354\sin.(2m+1-\tfrac1n)x+0,0000439\sin.(\tfrac5n-1-m)x$$

$$-0,0004963\sin.(m+1-\tfrac1n)x$$

$$-0,0003930\sin(2-\tfrac2n+2\omega)x+0,0004356\sin.(2-m+2\omega)x+0,0003481\sin.(2-2m+2\omega)x$$

§. 5. Et lorsqu' on voudra faire quelque changement à la valeur de x foit en introduifant de nouveaux termes, foit en diminuant ou augmentant les coefficiens de

ceux qu' elle contient, rien ne fera plus facile par les formules qu' on vient de donner.

XXXV.

*De la maniere de conſtruire des Tables pour trouver
le lieu de la Lune dans ſon orbite.*

Je remarque d' abord que l' angle $\frac{1}{n}x$ qui entre dans
la compoſition de tous les termes de v n' eſt autre choſe
que la diſtance moienne de la Lune au Soleil, que l' angle
$(1-\frac{1}{n})x$ eſt l' anomalie moienne du Soleil, mx l' anomalie moienne de la Lune, je ſubſtitue enſuite t à la prémiere de ces quantites, z à la ſeconde & y à la 3eme.
Obſervant encore de mettre à la place de $(1-\frac{1}{n}+\omega)x$ qui
exprime la diſtance moienne du Soleil au Noeud, la lettre u.

Enfin je reduis tous les coefficiens de l' équation précedente en minutes & ſecondes & j' ai

$$v = x - 6°\,19'\,57''\,\sin. y - 1'\,53''\,\sin. t - 1°\,16'\,45'',8\,\sin.(2t-y) + 40''\,\sin.(t-y)$$
$$+\ 13'\,21''\,\sin. 2y + 19'\,54'',2\,\sin. 2t + 43'',5\,\sin.(4t-2y) + 2'\,14''\,\sin.(2t-2y)$$
$$-\ 37'',2\,\sin. 3y + 26'',8\,\sin. 4t$$
$$+\ 7''\,\sin.(t+y) + 18'',4\,\sin.(3y-2t) - 1'\,8'',2\,\sin.(4t-y) - 3'\,19'',3\,\sin.(2t+y)$$
$$+\ 6'',5\,\sin.(2t+2y)$$
$$+\ 9'\,59'',6\,\sin. z + 2'\,17'',5\,\sin.(y-z) - 1'\,42'',3\,\sin.(y+z) - 2'\,42'',8\,\sin.(2t-z)$$
$$-\ 2''\!,4\,\sin. 2z$$
$$+\ 3'\,21'',8\,\sin.(2t-z-y) + 20'',9\,\sin.(2t+z) - 44'',2\,\sin.(2t+z-y) + 29'',1\,\sin.(2t-z+y)$$
$$-\ 12'',3\,\sin.(2t-z-2y) - 11'',6\,\sin.(2y-z) + 22'',1\,\sin.(2t+z-2y)$$
$$-\ 1'\,21''\,\sin. 2u + 1'\,29'',8\,\sin.(2u+2t-y) + 1'\,14'',7\,\sin.(2u+2t-2y).$$

Dans la quelle v & x expriment, ſuivant les principes que nous avons ſuivies dans ce memoire, des angles
qui ſe comptent depuis un axe où nous avons ſuppoſé que
les deux aſtres étoient à la fois dans leur Apogée; mais
comme il n' importe pas de ſavoir où eſt placé cet axe,
à cauſe que la difference entre v & x ſera la même toutes les fois que les angles t, y, z auront les mêmes ſinus
& affectés des mêmes ſignes, il eſt clair qu' on peut faire

commencer v & x de quel point l'on voudra, & que x exprimant la longitude moienne prife de quelque époque fixe d'un lieu moien de la Lune, la formule précedente exprimera le lieu vrai de la Lune dans l'orbite. Cela pofé je forme des Tables de mouvemens uniformes ou moiens, ainfi que l'on en ufe dans les Tables ordinaires; par leur fecours j'ai pour les années, mois, jours, heures &c. le lieu moien de la Lune, fon anomalie moienne y, la diftance moienne de la Lune au Soleil t, l'anomalie moienne du Soleil z, le double de la diftance du Noeud au Soleil $2\,u$. Je fais fuivre ces 1^{eres} Tables de 23 autres qui contiennent les equations dont les Argumens font,

$$y, t, t-y, 2t-y, 4t-y; z, y-z, y+z, 2t-z, 2t+y,$$
$$2t-y-z, 2t-2y+z, 2t+z, 2t+z-y, 2t-z+y, 2t-z-2y,$$
$$2y-z, t+y, 3y-2t, 2u, 2u+2t-y, 2u+2t-2y,$$

les quelles font données par les coefficiens de la formule précedente.

Ces Tables étant donc faites, lorsque je veux calculer un lieu de la Lune pour un inftant quelconque, je commence par trouver, à l'aide des prémieres, les angles t, y, z, u. Je forme enfuite les argumens y, t &c. fans faire entrer de fecondes dans leurs valeurs que pour les prémiers, & negligeant même les minutes dans ceux qui ne conviennent qu'aux petites équations; l'ordre que je leur ai donné rend affes facile la determination de tous ces argumens.

Ces argumens trouvés, je prends dans les fecondes Tables les équations qui y répondent avec leurs fignes, mettant toutes les pofitives d'un même coté & les negatives de l'autre. Je reduis enfuite toutes ces équations à une & l'appliquant au lieu moien de la Lune j'ai le lieu vrai dans l'orbite.   H 3

SECONDE PARTIE

Où l'on enſeigne à trouver le mouvement des Noeuds de la Lune & la variation d'inclinaiſon de ſon orbite par rapport à l'Ecliptique.

I.

PROBLEME I.

Fig. 4.   ☊BL♋ *répréſentant l'orbite qu'un corps* L *decrit autour du centre* T *en vertu de forces quelconques qui agiſſent dans le plan de cette orbite ; on demande le mouvement donné à ce plan par une force* Σ *dont l'action eſt toûjours parallele à la droite* T S *tirée du centre* T *à un corps* S *placé ſur le plan fixe* ☊B′ L′ *& dont la marche eſt connue.*

Que le petit coté L *l* ſoit celui que le corps L décriroit dans un inſtant quelconque donné , ſi la force vers S n'agiſſoit pas dans cet inſtant ; il eſt clair qu'en exprimant par d T cet inſtant & prenant la petite droite $l\sigma = \Sigma\, dT^2$, le petit coté Lσ ſera celui que le corps L doit parcourir par l'effet combiné de toutes les forces à conſiderer dans le Probleme.

Prolongeant donc L *l* & L σ juſqu'à ce qu'elles rencontrent le plan ☊B′L′ , joignant les points d'interſection *n* , N par la droite *n* N parallele à T , tirant T *n* l'angle

nTN répréfentera le mouvement inftantané que doit avoir autour de T la droite ☊TN qui fait l'interfection de l'orbite propofée avec le plan de la bafe ☊B'L'.

Afin de trouver l'expreffion de cet angle nous remarquerons d'abord que nN doit avoir pour valeur $\frac{LN}{Ll} \times l\sigma$ ou $\frac{LN \times \Sigma dT^2}{Ll}$ et que par conféquent la petite perpendiculaire abaiffée de n fur TN fera $\dfrac{LN \times \Sigma dT^2 \times \text{fin. } ST☊}{Ll}$ la quelle divifée par Tn ou TN donnera $\frac{LN}{TN} \times \frac{\Sigma dT^2}{Ll} \text{fin.} ST☊$ pour le petit angle cherché nTN, & cette expreffion, en nommant r le raion vecteur LT, & dv l'angle LTl (ce qui rend $Ll = \frac{r\, dv}{\text{fin.} NLT}$) fe change en $\frac{\Sigma dT^2}{r\, dv} \times$ fin. LTN avec laquelle on trouvera le mouvement cherché de l'orbite ☊BL☋, ou plutôt de la ligne des noeuds, auffitôt que la force Σ & les autres quantités indeterminées de cette expreffion feront fixées par les conditions particulieres du probleme.

II.

Modification de la formule précédente pour le cas où l'on fuppofe que l'orbite ☊BL eft celle de la Lune.

On a alors pour la force Σ due au Soleil la quantité $\frac{3 N r}{l^3} \cos. STL$, en negligeant les termes où l feroit élevé à de plus hautes puiffances, & en nommant toûjours, comme dans la 1ere Partie, l la diftance de la Terre au Soleil, N la maffe de cet aftre.

Il faut donc fubftituer cette valeur de Σ dans la formule précedente, ce qui la changera en $\frac{3 N dT^2}{l^3 dv}(\cos. STL \times$ fin. $ST☊ \times$ fin. $LT☊)$ ou $\frac{u\, v\, dx^2}{dv} \times \frac{f^3}{l^3}(\cos. STL \times$ fin. $ST☊ \times$ fin. $LT☊)$ en nommant u le quarré du rapport qu'a le mouvement moien du Soleil au moien mouvement de la Lune, & x comme ci-deſſus l'anomalie moienne de la Lune.

Reſte maintenant à mettre à la place des angles STL, ST☊, LT☊, des valeurs dont nous puiſſions faire uſage. Pour y parvenir ſoient nommés $(1-\psi)$ le coſinus de l'inclinaiſon des deux orbites, lequel peut être regardé ici comme conſtant, z l'angle B'TS decrit par le Soleil dans le même tems que la Lune a decrit l'angle v, ſuppoſant toûjours comme dans la 1ere Partie que ces deux angles ſe comptent d'un même axe où etoient d'abord les deux Aſtres. Soit de plus q l'angle B'T☊ décrit par le noeud pendant que la Lune & le Soleil ont décrit les angles v & z.

Cela poſé, on verra facilement que l'angle BT☊ qui ne diffère que très peu de l'angle B'T☊, ſera exprimé avec une exactitude ſuffiſante par $q + \frac{1}{2}\psi \, ſin. \, 2q$ & que partant l'angle ☊TL le ſera de même par $q + v + \frac{1}{2}\psi \, ſin. \, 2q$.

Quant à l'angle ST☊ il n'eſt autre choſe que $q + z$. Comme le coſinus de STL a eté déja trouvé dans la prop: V de la Iere Partie il ne s'agit plus que d'en changer les denominations, ce qui ne demande autre choſe que de mettre $z + q$ à la place de u.

Ainſi le coſinus en queſtion de l'angle STL qui avoit pour valeur $coſ. \, t \times \frac{1'}{1}$ ou $(coſ. t - \frac{1}{2}\psi ſin. \, 2v ſin. t) \times (1 - \frac{1}{2}\psi + \frac{1}{2}\psi coſ. 2u)$ ou $(1 - \frac{1}{2}\psi) coſ. t + \frac{1}{2}\psi coſ. (2u + t)$, ſera maintenant exprimé par $1 - \frac{1}{2}\psi coſ. (v - z) + \frac{1}{2}\psi coſ. (2q + v + z)$.
Subſtituant ces trois valeurs dans la formule précedente, on aura en ſupprimant les termes qui augmenteroient inutilement le calcul

$$dq =$$

$$dq = \tfrac{3}{4}v(1-\psi) \times \frac{f^3\,dx^2}{l^3\,dv}\big(1+(1+\tfrac{1}{2}\psi)cof.(2v-2z)-cof.(2q+2v)-cof.(2q+2z)\big) \text{ ou}$$

$$dq = \tfrac{3}{4}v'\frac{f^3\,dx^2}{l^3\,dv}\big(1+cof.(2v-2z)-cof.(2q+2v)-cof.(2q+2z)\big) \text{ en faisant } v'=v(1-\psi)$$

& en negligeant le terme $\tfrac{3}{8}v\psi\dfrac{f^3\,d\,x^2}{l^3\,dv}cof.(2v-2z)$ qui est en effet très negligeable.

III.

Resolution de l'équation précedente.

§. 1. Il s'agit maintenant de trouver la valeur de q dans l'équation $dq = \tfrac{3}{4}v'\dfrac{f^3\,dx^2}{l^3\,dv}\big(1+cof.(2v-2z)-cof.(2q+2v)-cof.(2q+2z)\big)$; Pour y parvenir il faudra commencer par chasser l, v & z de cette équation, en mettant leurs valeurs en x que l'on a trouvées, ou qui resultent de ce qui a été dit dans la Iere Partie.

Mais à cause de la petitesse du coefficient $\tfrac{3}{4}v'$ nous pourrons nous dispenser de prendre tous les termes qu'ont les valeurs de ces quantités, & il nous suffira par exemple de prendre pour la valeur de v les seuls termes affectés de mx, $2mx$, $\tfrac{2}{n}x$, $(\tfrac{2}{n}-m)x$, $(1-\tfrac{1}{n})x$ nous écrirons ainsi cette valeur.

$$v = x - a\,fin.\,mx + b\,fin.2mx + \beta\,fin.\tfrac{2}{n}x - a\,fin\,(\tfrac{2}{n}-m)x + \gamma\,fin.(1-\tfrac{1}{n})x$$

Quant à z sa valeur depend de l'équation $z + 2i\,fin.z + \tfrac{3}{4}ii\,fin.2z = (1-\tfrac{1}{n})x$ qui étant resolue, donne

$$z = (1-\tfrac{1}{n})x + 2i\,fin.(1-\tfrac{1}{n})x + \tfrac{5}{4}ii\,fin.(2-\tfrac{2}{n})x$$

De ces deux valeurs on tirera aisement après avoir fait

$$\ddot{\imath} = i + \tfrac{1}{2}\gamma$$

$$\begin{aligned}
cof.(2v-2z) = {}&(1-aa)\,cof.\tfrac{2}{n}x + (\tfrac{1}{4}aa+b)cof.(\tfrac{2}{n}+2m)x + a\,cof.(\tfrac{2}{n}-m)x + \beta\,cof.\tfrac{4}{n}x + \alpha\,cof.mx - 2i\,cof.(\tfrac{3}{n}-1)x + \tfrac{5}{4}ii\,cof.2x\\
&+ (\tfrac{1}{4}aa-b)cof.(\tfrac{2}{n}-2m)x - a\,cof.(\tfrac{2}{n}+m)x - \beta \qquad -\alpha\,cof.(\tfrac{4}{n}-m)x + 2i\,cof.(1+\tfrac{1}{n})x - \tfrac{5}{4}ii\,cof.(\tfrac{4}{n}-2)x
\end{aligned}$$

qui est l'une des principales quantités qui entrent dans la valeur cherchée.

I

§. 2. On verra ensuite que la valeur de $\frac{f^3}{l^3}$ sera suffisament exacte en la prenant égale à $1 + 3ii - 3i\cos.(1-\frac{1}{n})x + \frac{3}{2}ii\cos.(2-\frac{2}{n})x$

§ 3. Quant à celle de $-\frac{dx}{dv}$ on commencera pour l'avoir, par differencier v & diviser sa differentielle par dx ce qui donnera :

$1 - am\cos.mx + 2bm\cos.2mx + \frac{2}{n}\varepsilon\cos.\frac{2}{n}x - (\frac{2}{n}-m)\alpha\cos.(\frac{2}{n}-m)x + \gamma(1-\frac{1}{n})x\cos.(1-\frac{1}{n})x$ qui elevé à la puissance -1 donnera

$$\frac{dx}{dv} = 1 + \frac{1}{2}a^2m^2 + 2b^2m^2 + \frac{\varepsilon\varepsilon}{nn} + (\frac{2}{n}-m)^2\frac{\alpha^2}{2} + \frac{3}{4}a^2bm^2 + (am+\frac{3}{4}a^3m^3-2am^2b)\cos.mx - \frac{2}{n}\Big(\varepsilon-(\frac{2}{n}-m)a\alpha m+\frac{3a^2\varepsilon m^2}{n}\Big)\cos.\frac{2}{n}x$$

$$+(\tfrac{1}{2}a^2m^2-2bm)\cos.2mx$$

$$+\Big((\tfrac{2}{n}-m)\alpha-\frac{2a}{n}m\varepsilon+(\tfrac{2}{n}-m)\alpha\tfrac{3}{2}a^2m^2\Big)\cos.(\tfrac{2}{n}-m)x+\gamma(1-\tfrac{1}{n})\cos.(1-\tfrac{1}{n})x$$

§. 4. Et ces valeurs de $\frac{f^3}{l^3}$ & de $\frac{dx}{dv}$ après avoir fait

$$\ddot{1} = 1 + \tfrac{1}{2}a^2m^2 + 2b^2m^2 + \frac{2\varepsilon^2}{nn} + (\tfrac{2}{n}-m)^2\frac{\alpha^2}{2} + \tfrac{3}{4}ii - \tfrac{3}{4}i\gamma(1-\tfrac{1}{n}) + \frac{3a^2bm^2}{2}$$

$$a' = am + \tfrac{1}{4}a^3m^3 - 2am^2b + \tfrac{3}{2}amii$$

$$\tfrac{2}{n}\varepsilon' = \tfrac{2}{n}\varepsilon - (\tfrac{2}{n}-m)aam + \tfrac{3}{n}\varepsilon ii$$

$$(\tfrac{2}{n}-m)\alpha' = (\tfrac{2}{n}-m)\alpha - \frac{2am\varepsilon}{n} + \tfrac{3}{2}ii\alpha(\tfrac{2}{n}-m) + \tfrac{2}{n}-m\alpha.\tfrac{3}{2}a^2m^2$$

$$3j = 3i - \gamma(1-\tfrac{1}{n})$$

donneront pour leur produit

$$\frac{f^3dx}{dv} = \ddot{1} + a'\cos.mx - \varepsilon'\cos.\tfrac{2}{n}x + (\tfrac{2}{n}-m)\alpha'\cos.(\tfrac{2}{n}-m)x - 3j\cos.(1-\tfrac{1}{n})x + \tfrac{3}{2}ii\cos.(2-\tfrac{2}{n})x$$

$$+(\tfrac{1}{2}a^2m^2-2bm)\cos.(2+n)x$$

§. 5 L'on a présentement par cette valeur & par celle de $\cos.(2v-2z)$ qu'on a trouvée §. 1, ce que demandent les termes de la valeur générale de dq qui ne renferment point la lettre q. Faisant donc

$$\mathrm{I} = \bar{\imath} - \bar{\imath}\,\mathcal{C} - \mathcal{C}'\left(\tfrac{1-a\alpha}{n}\right) + \tfrac{1}{2}a'\alpha + \left(\tfrac{2}{n}-m\right)\alpha'\tfrac{a}{2}$$

$$\hat{a} = \acute{a} + \tilde{\imath}a - \tfrac{1}{2}a\,\mathcal{C}' + \left(\tfrac{2}{n}-m\right)\tfrac{\alpha'}{2}(1-aa)$$

$$\tfrac{3}{2}\grave{a} = a\tilde{\jmath} + \tfrac{1}{2}\acute{a}(1-aa) + \left(\tfrac{2}{n}-m\right)\acute{a}$$

$$\tfrac{7}{2}\hat{\imath} = 2\ddot{\imath}\,\tilde{\imath} + \tfrac{7}{2}j(1-aa)$$

$$\mathrm{K} = \tfrac{1}{2}a\acute{a} + \tfrac{1}{2}(a^2-b.)\tilde{\imath} + \tfrac{1}{4}a^2 m^2 - bm + \left(\tfrac{2}{n}-m\right)\tfrac{\alpha'}{2}$$

On aura

$$\tfrac{3}{4}v'\tfrac{f^2 dx^2}{l^3 dv}\big(1+cof.(2v-2z)\big) = \tfrac{3}{4}v'dx\Big(1+\lambda cofmx-\big(\tfrac{2}{m}\mathcal{C}'-(1-aa)\tilde{\imath}\big)cof\tfrac{2}{n}x+\tfrac{3}{2}\lambda cof.(\tfrac{2}{n}-m)x-2jcof.(1-\tfrac{1}{n})x-\tfrac{7}{2}\hat{\imath}\,cof.(\tfrac{3}{n}-1)x+\mathrm{K}cof(2m-\tfrac{2}{n})x$$
$$+(\tfrac{1}{2}a^2m^2-2bm)cof.2mx \qquad\qquad +\tfrac{3}{2}\ddot{\imath}icof.(2-\tfrac{2}{n})x\Big)$$

§. 6 Il ne s' agit donc plus que de passer aux termes qui contiennent l'inconnue cherchée q. La 1ere chose que ce travail exige c'est de chasser z & v des quantités $cof(2v+2q)$ & $2z+2q$ cette operation semblable à toutes celles que nous avons déja tant de fois emploïées donnera tout de suite

$$cof.(2q+2z) = (1-4ii)cof.(2-\tfrac{2}{n}x+2q)+\tfrac{3}{2}iicof.2q+2i\,cof\big((1-\tfrac{1}{n})x+2q\big)-2icof.\big((1-\tfrac{3}{n})x+2q\big)$$

$$cof.(2v+2q) = (1-aa)cof.(2x+2q)+(\tfrac{1}{2}aa-b)cof.\big((2-2m)x+2q\big)+acof.((2-m)x+2q)-\mathcal{C}cof.\big((2-\tfrac{2}{n})x+2q\big)+\alpha cof.\big((2-\tfrac{2}{n}+m)x+2q\big)$$
$$-acof.((2+m)x+2q)$$

Or ces deux quantités étant ajoutées & multipliées par $-\tfrac{3}{4}v'\tfrac{f^2 dx^2}{dv}$, dont nous avons déja la valeur, donneront pour le reste de la valeur de dq dont nous avons déja les premiers termes

$$-\tfrac{3}{4}v'\tfrac{f^2 dx^2}{l^3 dv} = -\tfrac{3}{4}v'dx\Big(gcof.(2x+2q)+bcof.\big((2-\tfrac{2}{n})x+2q\big)+\tfrac{5}{4}aa''cof.(2-2m+2\omega)x+(\tfrac{7}{2}i-\tfrac{3}{2}j\mathcal{C})cof.(1-\tfrac{1}{n}+2\omega)x-\tfrac{3}{2}icof.(3-\tfrac{1}{n}+2\omega)x$$
$$-(\tfrac{7}{2}i+\tfrac{3}{2}i\mathcal{C})\,cof.(3-\tfrac{3}{n}+2\omega)x-\tfrac{3}{2}i\,cof.(1+\tfrac{1}{n}+2\omega)x$$
$$+\tfrac{3}{4}a''cof.(2-m+2\omega)x-\tfrac{3}{2}li\,cof.2q-\tfrac{3}{2}a^{IV}cof.(2+m+2\omega)x+\tfrac{3}{4}a^{V}cof.(2-\tfrac{2}{n}+m+2\omega)x+\tfrac{3}{4}a'cof.(2-\tfrac{2}{n}-m+2\omega)x$$

Après avoir fait auparavant

$$\tfrac{3}{4}aa'' = \tfrac{1}{2}aa\tilde{\imath} - b\tilde{\imath} + \tfrac{1}{2}a\acute{a} - bm + \tfrac{1}{4}a^2m^2$$

$$\tfrac{3}{4}aa''' = a\tilde{\imath} + \tfrac{a'}{2}(1-aa) - \left(\tfrac{2}{n}-m\right)\tfrac{\alpha'}{2}$$

$$\tfrac{3}{4}a^{IV} = a\tilde{\imath} - \tfrac{a'}{2}(1-aa)$$

$$\tfrac{1}{2}a^{V} = \tfrac{1}{2}a' + a\tfrac{\theta'}{n} + a\tilde{\imath} + \left(\tfrac{2}{n} - m\right)\tfrac{\alpha'}{2}(1-aa) - a'\tfrac{\theta}{2}$$

$$g = \tilde{\imath}(1-aa) - \tfrac{1}{n}\theta'$$

$$h = \tilde{\imath}(1-4ii) - \tilde{\imath}\theta + \tfrac{a'\alpha}{2} - \theta'(1-aa) + \left(\tfrac{2}{n}-m\right)\tfrac{\alpha'a}{2}$$

§. 7. Si la valeur de dq n' etoit compofée que des premiers termes trouvés dans le §. 5 on l'auroit fans aucune peine, en intégrant ces termes. Quant aux feconds, l'intégration en eft plus difficile, à caufe qu'ils contiennent eux mêmes la lettre q; on trouveroit à la verité affés facilement une prémiere valeur approchée de leur integrale en fuppofant, dans tous ces termes, q égal à un multiple de x dont le coefficient feroit le nombre qui exprime le rapport entre le moïen mouvement du Noeud, & celui de la Lune. Mais pour ne pas trop multiplier nos operations & pour parvenir du premier coup à la valeur de q nous n' emploïerons cette remarque qu' à nous affurer que les termes les plus effentiels de la valeur de q doivent avoir cette forme

$$q = \omega x - \tilde{\delta}\,fin\,\left(1-\tfrac{1}{n}\right)x - \lambda\,fin.\left(2+2\omega\right)x - \varpi\,fin.\left(2-\tfrac{2}{n}+2\omega\right)x$$
$$+\,\theta\,fin.\tfrac{2}{n}x + \mu\,fin.\left(2-2m+2\omega\right)x + \nu\,fin\left(3-\tfrac{3}{n}+2\omega\right)x$$

dans la quelle ω eft cette conftante qui exprime le rapport du mouvement moïen des Noeuds à celui de la Lune, & en partant de-là nous pourrons chaffer q des expreffions de cofinus où il entre.

A caufe que la plupart des termes de la valeur de dq font extremement petits, nous n' aurons befoin d'une expreffion auffi complette que la précédente que pour les feuls $cof.(2\,x+2q)$ & $cof.\left(\left(2-\tfrac{2}{n}\right)x+2q\right)$ Dans tous les autres il fuffira de faire $q = \omega x$.

Faifant donc pour ces deux termes la fubftitution des termes admis dans la valeur de q nous aurons

$$\cos.(2x+2q)=\cos.(2+2\omega)x-\overset{\circ}{o}\cos.(z-\tfrac{1}{n}+2\omega)x+\lambda \qquad +\varpi\,\cos.\tfrac{2}{n}x \qquad -\mu\cos.2mx$$
$$-\lambda\cos.(4+4\omega)x-\varpi\cos.(4-\tfrac{2}{n}+4\omega)x$$
$$-\theta\cos.(2-\tfrac{2}{n}+2\omega)x \qquad -\nu\,\cos.(\tfrac{2}{n}-1)x$$

$$\cos.\big((2-\tfrac{2}{n})x+2q\big)=1-\varpi^2\cos.(2-\tfrac{2}{n}+2\omega)x+\overset{\circ}{o}\,\cos.(1-\tfrac{1}{n}+2\omega)x+\lambda\cos.\tfrac{2}{n}x \qquad +\varpi \qquad -\mu\cos.(2m-\tfrac{2}{n})x$$
$$-\overset{\circ}{o}\cos.(z-\tfrac{1}{n}+2\omega)x \qquad \varpi\cos.(4-\tfrac{4}{n}+4\omega)x$$
$$-\nu\cos.(1-\tfrac{1}{n})x$$
$$+\theta\cos.(2+2\omega)x$$

§. 8. Nous avons maintenant l'expreſſion de toutes les quantités qui entrent dans la valeur de dq, il ne faut plus qu' en faire la ſubſtitution & integrer, ce qui donnera enfin pour q ou $\tfrac{3}{4}v'\int\int\tfrac{3\,dx^2}{dv}(1+\cos.(2v-2z)-\cos.(2q+2v)-\cos.(2q+2z))$ la quantité

$$-\tfrac{3}{4}v'(1-\varpi b-\lambda g)x-\overset{\circ}{o}\sin.(1-\tfrac{1}{n})x-\lambda\sin.(2+2\omega)x-\varpi\sin.(4-\tfrac{2}{n}+2\omega)x+\theta\sin.\tfrac{2}{n}x+\mu\sin.(2-2m-2\omega)x+\nu\sin.(x-\tfrac{2}{n}+2\omega)x$$

$$+\frac{+\varpi\,b}{4-\tfrac{4}{n}+4\omega}\sin.(4-\tfrac{4}{n}+4\omega)x$$

$$+\frac{a}{m}\sin.mx+\frac{\tfrac{3}{2}d}{\tfrac{2}{n}-m}\sin.(\tfrac{2}{n}-m)x+\frac{K+ub}{2m-\tfrac{2}{n}}\sin.(2m-\tfrac{2}{n})x-\frac{\tfrac{7}{2}i-\nu}{\tfrac{2}{n}-1}\sin.(\tfrac{2}{n}-1)x+\frac{ii}{4+\omega}\sin.2\omega-\frac{\tfrac{3}{2}a'''}{2-m+2\omega}\sin.(2-m+2\omega)x$$

$$-\frac{\tfrac{1}{2}i+b\overset{\circ}{o}}{1-\tfrac{1}{n}+2\omega}\sin.(1-\tfrac{1}{n}+2\omega)x-\frac{\tfrac{1}{2}a^{V}}{2-\tfrac{2}{n}+m+2\omega}\sin.(2-\tfrac{2}{n}+m+2\omega)x-\frac{\tfrac{1}{2}d}{m-2+\tfrac{2}{n}-2\omega}\sin.(m-2+\tfrac{2}{n}-2\omega)x$$

pour vû que l' on prenne les lettres $\overset{\circ}{o}$, λ &c. telles qu' exigent les équations

$$\overset{\circ}{o}=\frac{3j-\nu b}{1-\tfrac{1}{n}}\times\tfrac{3}{4}v' \qquad \mu=\frac{\tfrac{5}{4}aa''}{2-2m+2\omega}\times\tfrac{5}{4}v', \qquad \theta=\frac{(1-aa)i-\tfrac{2}{n}b'-g\varpi-b\lambda}{\tfrac{2}{n}}\times\tfrac{3}{4}v'$$

$$\lambda=\frac{g(1-\varpi^2)+b\theta}{2+2\omega}\times\tfrac{3}{4}v'$$

$$\varpi=\frac{b(1-\varpi^2)-g\theta}{2-\tfrac{1}{n}+2\omega}\times\tfrac{1}{4}v'$$

que donne la comparaifon de la valeur fuppofée

$$\varpi x - \tilde{\omega}\sin(1-\tfrac{1}{n})x - \lambda\,\mathit{fin}.(2+2\omega)x - \varpi\,\mathit{fin}.(2-\tfrac{2}{n}+2\omega)x + \theta\,\mathit{fin}.\tfrac{2}{n}x + \mu\,\mathit{fin}.(2-2m+2\omega)x$$
$$+ \nu\,\mathit{fin}\,(3-\tfrac{1}{n}+2\omega)x$$

avec la partie analogue de celle qui arrive après les fubftitutions.

IV.

Du mouvement moien du Noeud.

A l'égard du coefficient $\tfrac{1}{4}\,v'\,(1-\tilde{\omega}h-\lambda g)$ que x a
dans cette valeur il doit être la même chofe que ω, ou le
rapport du mouvement moien du Noeud à celui de la
Lune, fi la Theorie de l'attraction répond aux Phénomenes.

J'ai trouvé en effet après toutes les fubftitutions nu-
meriques que la valeur de ce rapport donné par la formule
précedente approche fi confiderablement de la vraie que la
difference peut être negligée entierement & doit être attri-
buée aux petites omiffions qu'on a faites pour ne pas trop
compliquer les calculs, omiffions qui n'apportent presque
aucune erreur fenfible aux coefficiens des equations du Noeud.

V.

Reduction de la valeur de q *en nombres.*

Les mêmes fubftitutions qui ne demandent pas d'au-
tres nombres que ceux qu'on a trouvés dans la Iere Partie
convertiffent l'équation précedente en

$$q = \omega x - 0{,}002041\,\mathit{fin}.(2+2\omega)x - 0{,}026132\,\mathit{fin}.(2-\tfrac{2}{n}+2\omega)x + 0{,}000595\,\mathit{fin}.\,mx + 0{,}002187\,\mathit{fin}.\tfrac{2}{n}x$$
$$+ 0{,}000331\,\mathit{fin}.(4-\tfrac{4}{n}+4\omega)x$$
$$+ 0{,}000846\,\mathit{fin}.(\tfrac{2}{n}-m)x + 0{,}000276\,\mathit{fin}.(2m-\tfrac{2}{n})x - 0{,}003019\,\mathit{fin}.(1-\tfrac{2}{n})x - 0{,}000147\,\mathit{fin}.(\tfrac{3}{n}-1)x - 0{,}001262\,\mathit{fin}.(2-2m+2\omega)x$$
$$- 0{,}000642\,\mathit{fin}.(2-m+2\omega)x - 0{,}000566\,\mathit{fin}.(1-\tfrac{1}{n}+2\omega)x + 0{,}001113\,\mathit{fin}.(3-\tfrac{1}{n}+2\omega)x - 0{,}000335\,\mathit{fin}.(2-\tfrac{2}{n}+m+2\omega)x$$
$$- 0{,}000276\,\mathit{fin}.(m-2+\tfrac{2}{n}-2\omega)x$$

Dans la quelle je mets enfuite à la place des angles

$$\omega\ ,\ (2+2\omega)x,\ (2-\tfrac{2}{n}+2\omega)x,\ mx,\ \tfrac{2}{n}x,(\tfrac{2}{n}-m)x,(2m-\tfrac{2}{n})x,(1-\tfrac{1}{n})x,(\tfrac{3}{n}-1)x,(2-2m+2\omega)x$$

$$(2-m+2\omega)x,(1-\tfrac{1}{n}+2\omega)x\ \ \&c.$$

leurs valeurs

$$2u+2t,2u,y,2t,2t-y,2y-2t,z,2t-z,2t-2y+2u,2t-y+2u,2u-z\ etc.$$

en faifant comme dans la prémiere Partie

$t =$ long. moi. $\mathbb{C}$ — longit. moi. $\odot$

$y =$ long. moi. $\mathbb{C}$ — long. apog. $\mathbb{C}$

$z =$ long. moi. $\odot$ — long. moi. apog. $\odot$

$u =$ long. moi. $\odot$ — long. moi. Ω

VI.

Formules qui donnent le lieu du Noeud.

Il fuit de l'expreffion précedente de q qu' aprés avoir trouvé le lieu moien du Noeud on aura le lieu vrai en lui appliquant les équations

$$-2'.3''.\sin.y-7'21''\sin.2t-57''.\sin.(t-y)-2'.54''\sin.(2t-y)+10'.23''\sin.z+30''\sin.(2t-z)+1^0.29'.49''\sin.2u$$
$$-1'.6''\sin.4u$$
$$+2'.12''\sin.(2u+2t-y)+1'.20''\sin.(2u+2t-2y)+7'.2''\sin.(2u+2t)-3'.50''\sin.(2u+z)+1'.56''\sin.(2u-z)+1'.7''\sin.(2u+y)$$
$$+57''\sin.(2u-y)-44''\sin.(2u-2z)$$

L'ufage des 15 tables que donne cette formule eft d'autant plus facile que la plûpart des argumens font les mêmes que ceux qui font emploiées pour le calcul du lieu de la Lune dans l'orbite, & que ceux qu'il faut faire de plus peuvent fe former très facilement à l'aide des prémieres, & en negligeant, fi l'on veut, les minutes & les fecondes. On peut remarquer même qu'il y a plufieurs de ces équations telles que $30''\sin.2t-z$, $44''\sin.2u-2z$ qui font fi petites qu'en les negligeant l'erreur qui en refulteroit pour la latitude feroit bien legère.

VII.

PROBLEME.

Fig. 4.

Les mêmes choses étant posées que dans le Prob. 1. On demande la variation de l'inclinaison de l'orbite ☊ B L ☋ sur le plan fixe ☊ B'L'☋.

Soit abaissée de L sur T N la perpendiculaire L F, il est clair qu'en tirant la ligne L' F qui rencontre T n en f, l'angle infinement petit F L f sera la variation de l'inclinaison de l'orbite pendant que le projectile qui la décrit va de L en l. Donc si l'on prend une droite qui soit à F f comme L F est à L L' & qu'on la divise ensuite par L F on aura la valeur de cette variation.

Quant à la valeur de F f il est evident qu'elle n'est autre chose que le produit de T f par l'angle infinement petit $d\,q$ ou n T N calculé dans le Prob. précedent. Donc en nommant I. l'inclinaison cherchée, on aura (pour cette figure) l'equation $d\,\mathrm{I} = -\frac{\mathrm{T\,F}}{\mathrm{L\,F}}\,d\,q$ *fin.* I ou $\frac{d\,\mathrm{I}}{\textit{fin.}\,\mathrm{I}} =$ - cotang. L T ☊ $d\,q$ pour determiner la variation d'inclinaison cherchée.

VIII.

Application à la variation de l'inclinaison de l'orbite lunaire.

Si l'on met dans l'equation précedente à la place de $d\,q$ sa valeur $\frac{svd x^2}{dv} \times \frac{f^2}{l^2}$ (*cof.* S T L $\times$ *fin.* S T ☊ *fin.* L T ☊) trouvée Art. II. pour le cas où ☊ L est l'orbite de la
Lune

Lune. Cette équation se changera alors en $\frac{d\,I}{\sin.\,I} =$ $-\frac{3\,vd\,x^2}{d\,v}\times\frac{f\,^3}{l\,^3}\,(cof.\,STL\,\sin.\,ST\Omega\,cof.\,LT\Omega)$ de la quelle il faut faire evanouir les angles STL, $ST\Omega$, $LT\Omega$ ainsi qu'on a fait en cherchant le mouvement des Noeuds. On aura encore comme dans l'Art. II. en gardant les mêmes denominations $cof.\,STL = (1-\tfrac12\psi)cof.\,(v-z)+\tfrac12\psi\,cof.\,(2q+v+z)$

$$LT\Omega = q+v+\tfrac12\psi\,\sin.\,2q$$

$$ST\Omega = q+z$$

Faisant donc les subftitutions de ces quantités dans l'equation précedente elle deviendra après avoir negligé les termes dont l'effet eft presque infenfible

$$\frac{d\,I}{I} = \frac{3\,v'd\,x^2}{4\,d\,v}\frac{f\,^3}{l\,^3}\left(-\sin(2v-2z)+\sin.(2q+2z)+\sin.(2q+2v)\right)$$

IX.

Integration de la quantité $\frac{3\,v'd\,x^2}{4\,d\,v}\times\frac{f\,^3}{l\,^3}\times$ *&c.*

La valeur de $\sin(2v-2z)$ se trouvera de la même maniere que celle de $cof.(2v-2z)$ que nous avons emploïé Art. III. §. 1. & cette valeur sera $(1-aa)\sin\frac{2}{n}x +$ $(\tfrac12 aa-b)\sin.(\tfrac{2}{n}-2m)x + a\,\sin.(\tfrac{2}{n}-m)x - a\,\sin.(\tfrac{2}{n}+m)x + a\,\sin.\,mx - 2\ddot{\imath}\,\sin.(\tfrac{3}{n}-1)x + 2\ddot{\imath}\,\sin.(1+\tfrac{1}{n})x + \tfrac54\ddot{\imath}\ddot{\imath}\times \sin.(\tfrac{4}{n}-2)x$ la quelle étant multipliée par celle de $\frac{f\,^3\,d\,x^2}{l\,^3\,d\,v}$ donnera en omettant les termes negligeables

$$\frac{f\,^3dx}{l\,^3dv}\times \sin.(2v-2z) = \ddot{\imath}\,(1-aa)\sin.\tfrac{2}{n}x+\tfrac32 a\sin.(\tfrac{2}{n}-m)x+\frac{2+\tfrac{2}{n}-m}{2}a\sin.\,mx-\tfrac{2}{2}\ddot{\imath}\sin.(\tfrac{1}{n}-1)x$$

$$-\tfrac12 a\sin.(\tfrac{2}{n}+m)x\qquad +\tfrac12\ddot{\imath}\sin.(1+\tfrac{1}{n})x$$

$$+\left(\tfrac54 a^2-2b+(\tfrac{2}{n}-m\tfrac{\alpha^2}{2})\right)\sin.(\tfrac{2}{n}-2m)x-\frac{2\cdot 6\gamma}{n}\sin.(1-\tfrac{1}{n})x$$

Quant aux termes $f\frac{^3\,d\,x}{d\,v}\left(cof.(2q+2z)+cof.(2q+2v)\right)$

leur valeur ne differera de celle de $\frac{f\,^3 d x}{d v}$ ($cof.(2q+2z)+$ $cof.(2q+2v)$) emploiée dans le Probleme précedent qu'en cela feulement que l'on aura ici des finus par tout où l'on avoit des cofinus dans l'autre quantité. Aiant donc maintenant l'expreffion de toutes les parties dont eft compofée la valeur de $\frac{d\,I}{I}$ fans qu'elles renferment d'autres variables que x, on integrera fans peine cette quantité & gardant toujours les denominations précedentes l'on aura enfiu

$$\frac{dI}{\int in.\,I} = -\lambda cof.(2+2\omega)x - \varpi cof.(2-\tfrac{2}{n}+2\omega)x - \mu cof.(2-2m+2\omega)x + \nu cof.(2-\tfrac{3}{n}+2\omega)x$$

$$+ \tfrac{1}{4}v'x \frac{b\,\varpi}{4-\tfrac{4}{n}+4\omega} cof.(4-\tfrac{4}{n}+4\omega)x$$

$$+ \tfrac{3}{4}v'\left(\frac{vii}{4\omega}cof.2\omega x - \frac{\tfrac{3}{2}a''' cof.(2-m+2\omega)x}{2-m+2\omega} - \frac{\tfrac{1}{2}a^V cof.(2-\tfrac{2}{n}+m+2\omega)x}{2-\tfrac{2}{n}+m+2\omega} - \frac{(2b+\tfrac{1}{2}i)cof.(1-\tfrac{1}{n}+2\omega)x}{1-\tfrac{1}{n}+2\omega} - \frac{\tfrac{n}{2}a''cof.(\tfrac{2}{n}+m-\tfrac{3}{2}+2\omega)x}{\tfrac{2}{n}+m+2-\omega} + \frac{i(1-an)-\varpi+\lambda}{\tfrac{2}{n}}cof.\tfrac{2}{n}x\right.$$

$$+ \tfrac{1}{2}\frac{a}{\tfrac{3}{m}-2m}cof.(\tfrac{2}{n}-m)x + \frac{\tfrac{2}{n}+2-m}{2m}\alpha cof.mx - \frac{\tfrac{1}{2}i-\nu}{\tfrac{3}{n}-1}cof.(\tfrac{3}{n}-1)x - \frac{\tfrac{3}{4}a^2-2\bar{b}-\mu}{2m-\tfrac{2}{n}}cof.(2m-\tfrac{2}{n})x - \frac{(2\bar{b}i+\nu)}{2-\tfrac{1}{n}}cof.(2-\tfrac{1}{n})x\left.\right)$$

X.

Valeur de I dans l'équation précedente.

Soit nommée Ξ la quantité égale au fecond membre de l'équation précedente la quelle eft toute donné en x, la queftion fera reduite a tirer I l'équation $\int d\frac{I}{I} = \Xi$ ou $\frac{dI}{I} = d\Xi$.

Pour y parvenir nous remarquerons que I qui exprime l'inclinaifon cherchèe n'eft jamais qu'une fraction de l'unité plus petite que $0,1$ & que par conséquent son sinus sera exprimé avec une exactitude plus que suffisante par $I - \frac{1}{6} I^3 + \frac{1}{120} I^5$ Par ce moien l'équation précedente deviendra en négligeant les plus hautes puissances de I

$$\frac{d I}{I} + \frac{1}{6} I dI + \frac{7}{360} I^3 dI = d\Xi \text{ dont l'integrale·est}$$

$$l I + \frac{1}{12} I^2 + \frac{7}{1440} I^4 = \Xi + l b (l b \text{ etant une constante}$$

ajoutée dans l'integration) qui en repassant aux nombres donné $I = b c^{\Xi - \frac{1}{12} f^2 - \frac{7}{1440} f^4}.$

Mais comme la quantité $c^{\Xi - \frac{1}{12} f^2 - \frac{7}{1440} f^4}$ a un exposant qui ne sauroit jamais étre que très petit elle pourra étre changée en

$$1 + \Xi - \frac{1}{12} I^2 + \frac{1}{2} \Xi^2 - \frac{7}{720} I^4 - \frac{1}{12} I^2 \Xi - \frac{7}{1440} I^4 \Xi + \frac{\Xi^3}{6} \text{ ou simplement}$$

$$1 + \Xi - \frac{1}{12} I^2 + \frac{1}{2} \Xi^2 - \frac{1}{12} b^2 \Xi \text{ en négligeant les termes qui ne}$$

peuvent apporter que des corrections superflues.

Enfin mettant dans cette quantité à la place de $\frac{1}{12} I^2$, $\frac{1}{12} b^2 \times (1 + 2 \Xi)$ qui peut lui étre substituée sans erreur sensible dans cette occasion, on aura pour l'inclinaison cherchée

$$I = b \left(1 - \frac{1}{12} b^2\right) + b \left(1 - \frac{1}{4} b^2\right) \times \left(\Xi + \frac{1}{2} \Xi^2\right)$$

XI.

Où l'on determine en nombres les coefficiens de la valeur de Ξ.

La valeur numerique de tous les coefficiens des termes que contient l'expression générale de Ξ trouvée à l'Art. IX. ne demande presque aucune operation nouvelle lorsqu'on a les valeurs calculées précedemment pour la formule du Noeud, on trouvera facilement avec toutes ces valeurs que la quantité Ξ repondante à une longitude moienne quelconque x est

$$-0,032048\ cof.(2+2\omega)x-0,026132\ cof.(-\tfrac{2}{n}+4\omega)x-0,001262\ cof.(2-2m+2\omega)x$$

$$+0,000331\ cof.(4-\tfrac{4}{n}+4\omega)x$$

$$+0,001113\ cof.(3-\tfrac{3}{n}+2\omega)x+0,000214\ cof.2\omega x-0,000642\ cof.(2-m+2\omega)x$$

$$-0,000335\ cof.(2-\tfrac{2}{n}+m+2\omega)x-0,000565\ cof.(1-\tfrac{1}{n}+2\omega)x-0,000176\ cof.(\tfrac{2}{n}+m-2+2\omega)x$$

$$+0,002199\ cof.\tfrac{2}{n}x+0,000805\ cof.(\tfrac{2}{n}-m)x+0,000137\ cof.m\,x-0,000147\ cof.(\tfrac{1}{n}-1)x$$

$$-0,000192\ cof.(2m-\tfrac{2}{n})x-0,000086\ cof.(1-\tfrac{1}{n})x$$

XII.

Valeur générale de I *en nombres.*

Comme nous avons trouvé un terme affecté de Ξ^2 dans la valeur de I il faut quarrer la quantité précedente pour connoître exactement celle de I.

Mais cette operation à caufe de la petiteffe du coefficient Ξ^2 n'exige de prendre que les termes les plus confiderables de Ξ^2 les quels font $0,000174+0,000171 \times cof.\left(4-\tfrac{4}{n}+4\omega\right)x.$

Pour faire en fuite ufage de cette valeur de Ξ^2 ainfi que de celle de Ξ on a befoin de connoitre la conftante $(b-\tfrac{1}{4}b^2)$ qui multiplie $\Xi+\tfrac{1}{2}\Xi^2$ dans la valeur de I. & la determination de cette conftante exigeroit naturellement l'application du Probleme dont il eft ici queftion à quelques obfervations, mais à caufe qu'elle eft petite en elle même & qu'elle ne multiplie que de petits termes, nous prenons à fa place l'inclinaifon moienne de l'orbite de la Lune telle que les Aftronomes la fuppofent ordinairement de $5°\ 8\tfrac{1}{4}'$ par ce qu'une minute d'erreur dans la valeur de h ne produit pas une différence de plus de $2''$ dans la valeur de I.

Faifant maintenant ufage de toutes ces valeurs, reduifant les decimales des coefficiens en minutes & fecondes, & fubftituant comme ci-deffus à la place des angles $(2 -\frac{2}{n}+ 2\omega)x$, $(2+ 2\omega)x$ &c. leurs valeurs $2u$, $2u+2t$ &c. la valeur générale de la vraie inclinaifon de l'orbite fe trouvera en appliquant à une inclinaifon conftante peu écartée de $5° 8\frac{1}{2}'$ (& que nous trouverons facilement par les obfervations) les équations fuivantes.

$2''$, $5\ cof.\ y + 41''$, $3\ cof.\ 2t - 3''$, $3\ cof.\ (t-y)+ 14''$, $9\ cof.(2t-y)-1''$, $8\ cof.\ z-2''$, $7\ cof.(2t-z)$

$-8'4''$, $6\ cof.\ 2u -11''$, $8\ cof.(2u+2t-y)-23''$, $4\ cof.(2u+2t-2y)- 3u''$, $5\ cof.\ (2u+2t)$

$+ 8''$, $8\ cof.\ 4u$

$+20''$, $6\ cof.(2u+z)-10''$, $5\ cof.(2u-z)-6''$, $2\ cof.(2u+y)+5''$, $1\ cof.(2u-y)+4''$, $cof.(2u-2z)$

Dont les Argumens étant exactement les mêmes que ceux qu'on calcule pour le Noeud, rendent l'operation fort facile puifqu'il ne s'agit que de parcourir avec ces argumens tous calculés 15 Tables d'équations dont les nombres font fi petits qu'ils n'exigent point de prendre aucune partie proportionelle que de celles qu'on prend à l'oeil, & que plufieurs d'entre ces equations peuvent-même être entierement negligées.

Scholie général.

Où l'on donne la comparaifon de la Theorie précedente avec les obfervations.

Après avoir conftruit des Tables de toutes les équations calculées précedemment tant pour la determination du lieu de la Lune que pour la pofition du Noeud & la quantite de l'inclinaifon, j'ai demandé à Mr. l'Abbé de la Caille, l'un des plus habiles obfervateurs que je connoiffe, quelques pofitions de la Lune determinées avec exactitude afin de pouvoir juger du degré de précifion de ma Theorie.

Cet Academicien fi zelé pour l'Aftronomie & fi propre à en avancer les progrès par fes travaux & par les fecours qu'il prete à ceux qui la cultivent, m'a fourni une centaine d'obfervatious bien discutées avec les longitudes & latitudes qui en refultent.

Il les a choifies dans toutes les principales pofitions de la Lune pendant l'éfpace d'environ dix années. Je les j'oins ici avec les quantités dont s'en écartent les longitudes & les latitudes calculées par mes Tables.

L'epoque du mouvement moien de la Lune a éte prife dans les Tables de Mr. Halley en la diminuant de $4^s \, 25^\circ \, 1' \, 27''$ que demande tant la difference des meridiens que celle des Stiles & en y ajoutant $1' \, 14''$ qui eft la difference moienne entre toutes les erreurs des obfervations calculées par Mr. Halley.

Les epoques de l'Apogée & du Noeud font les mêmes que celles qu' a choifies Mr. Halley, à la difference près des ftiles & des meridiens. L'epoque du ☉ eft pour 1746 de $9^s \, 9^\circ \, 58' \, 56''$ & celle de fon Apogée de $3^s \, 8^\circ \, 35' \, 18''$ telles que Mr. l'Abbé de la Caille les a determinées dans un memoire qu'il a donné cette année à l'Academie des Sciences de France.

Quant à la conftante de l'Inclinaifon, aiant choifi parmi les obfervations 6 ou 7 de celles ou a Lune eft dans fes limites, afin de pouvoir tirer l'inclinaifon de la feule latitude obfervée, j'ai trouvé par un milieu entre ces obfervations que cette conftante etoit de 5° 5′ 9″

C'eft d'après ces feuls élemens que tous les lieux fuivans ont été calculés. Les differences entre ces lieux & ceux qui refultent des obfervations ferviront tant à rectifier l'excentricité fuppofée de 0,05505 (*) que les époques & par ce moien la Theorie en deviendra encore plus conforme aux obfervations.

____

(*) On corrigera affés exactement les lieux calculés d'après cette excentricité en changeant la fomme des équations ; qu'on applique au lieu moien, proportionellement au changement fait dans l'excentricité. Aiant mis à part auparavant l'Équation donnée par l'argument t qui n'eft prefque pas altérée par la correction faite à l'excentricité.

THEORIE DE LA LUNE

TABLE

d' Obfervations choifies de la Lune pendant une revolution entiére de fon Apogée, avec la comparaifon entre ces obfervations & les lieux calculés.

Circonftances où la Lune s'eft trouvée le jour de l'Obfervation.	Moment des Obfervations reduit en tems moïen. I. H. M. S.	Longitude de la Lune obfervée. S. D. M. S.	Latitude de la Lune obfervée. D. M. S.	Erreurs des Tables tirées des formules precedentes Longit ′ ″	Latitude ′ ″
☾ en □ avec l' apog. ⊙	1737 Luin 7. 7. 36. 0	6 10 6 36	2 16 28 B	+1 8	+0 45
☾ en octans avec ⊙	Iuil. 1. 2. 58. 5	4 22 22 35	1 37 11 A	+0 41	—0 58
☾ pres de fon per. le pl. pres	7. 8. 11. 26	7 19 46 29	4 47 19 B	+3 3	—0 47
apog. ☾ en □ avec ⊙ et apo. ⊙ en □ avec ☾	16. 15. 50. 33	11 24 24 14	1 17 44 A	—4 42	+0 14
☾ vers fes limites	22 20. 26. 21	2 8 34 6	5 10 36 A	—2 52	—0 32
☾ dans fa dift. moy. de la ter.	Août 7. 9. 48. 12	9 12 48 45	4 21 57 B	+1 36	—0 45
	8. 10. 42. 8	9 26 40 4	3 32 55 B	+1 16	—1 3
☾ pres du ℣ et de la □ ⊙	Novemb. 29 6. 29. 36	11 14 28 7	0 52 52 A	+2 44	+1 54
☾ en octans et pres de fa □ avec l'apog du ⊙	Decemb. 2. 8. 38. 2	0 21 26 0	3 40 53 A	+3 10	+1 10
☾ apogee et vers fes limites.	4. 10. 4. 15	1 15 49 54	4 45 54 A	+1 5	—0 37
	5. 10 49 15	1 ⸱8 9 8	4 57 57 A	+1 51	+0 3
☾ pres de l'oppofition	7. 12. 24. 17	2 23 11 51	4 41 30 A	+1 57	—0 25
	8. 13. 13. 57	3 5 57 1	4 11 39 A	—0 25	—0 20
☾ apog. et vers fes limites d' inclinaifon moy.	1738 Ianv. 1. 8. 44. 34	1 23 29 45	5 4 1 A	+1 6	—0 5
	2. 9. 30. 35	2 5 53 27	5 5 42 A	+2 1	—0 11
	3. 10. 18. 25	2 18 27 42	4 53 0 A	+1 17	—0 40
	4. 11. 8. 1	3 1 14 24	4 25 3 A	+1 6	—0 52
	7. 13. 42. 3	4 10 55 1	1 43 14 A	—3 13	—0 19
☾ pres de fon ☊	Fevr. 5. 13. 17. 29	5 3 16 19	0 20 20 B	—0 47	—0 23
☾ en □ et vers fes limit.	26. 6. 2. 10	2 7 53 7	5 13 54 A	—0 21	—0 20
☾ vers fon ☊	Mars 4. 11. 5 21	4 26 40 55	0 17 6 A	—2 1	—0 8
☾ vers fes limites.	10. 16. 26. 16	7 26 13 4	5 15 35 B	+0 18	—2 35
	29. 7. 9. 15	3 22 58 39	3 3 47 B	—2 44	—0 9
	30. 8. 0. 6	4 6 8 21	2 1 29 B	—3 34	—0 3
☾ vers l' octans	31. 8. 51. 30	4 19 43 23	0 50 35 B	—3 18	+0 12
plus grande equat. du ☊	Avril 1. 9. 43. 28	5 3 48 26	0 25 56 A	—4 14	—0 31
☾ perig. vers l' octans	Iuil. 27. 9. 4. 47	8 21 57 11	4 30 47 B	—1 41	—1 44
☾ dans ℣ vers f. □	Nov. 17. 5 26 22	10 15 38 31	0 3 20 A	—2 35	+0 36
ı vers fa dift. moy.	Decemb. 2. 17 7 5	4 25 55 15	1 6 8 B	—2 48	+0 59
q pres des limites	1739 Ian. 18. 7. 30. 5	1 21 18 32	5 11 8 A	+1 49	+0 20

Circonstances où la Lune s'est trouvée le jour de l'observation	Moment des observations reduit en tems moien					Longitude de la Lune observée				Latitude de la Lune observée				Erreurs des Tables tirées des formules précedentes	
		I.	H.	M.	S.	S.	D.	M.	S.	D.	M.	S.		Longit.	Latitud.
	1739 Ian.	19	8	15	10	2	3	36	27	4	52	18	A	+1 55	+0 22
☾ pres du ☊		25	13	2	5	4	17	44	43	0	36	20	B	—2 27	+0 3
	Fevr.	13	4	39	31	1	3	34	50	5	13	46	A	+3 11	+0 13
☾ en □ avec ☉		15	6	9	52	1	28	51	8	5	1	39	A	+2 20	—0 16
☾ dans son ☊		21	10	56	22	4	12	57	36	0	8	53	B	+0 54	+0 11
		22	11	44	31	4	25	49	2	1	19	11	B	—0 52	+0 13
		24	13	19	20	5	22	16	53	3	26	56	B	—1 13	—0 5
☾ dans ses dist. moy.		25	14	6	38	6	5	54	0	4	16	55	B	—1 25	—0 29
☾ vers l'octans		26	14	54	26	6	19	46	0	4	52	40	B	—0 51	—0 16
		27	15	43	34	7	3	51	35	5	12	4	B	—1 17	—1 5
☾ vers ses pl. gr. limites		28	16	34	36	7	18	9	19	5	11	56	B	—0 34	—1 16
	Mars	14	4	2	20	1	23	29	2	5	1	43	A	+3 41	—0 33
☾ dans son pl. gr. apog. et vers ses limites		17	6	23	17	3	0	38	0	3	18	14	A	+0 57	—0 34
☾ vers son ☊		21	9	35	30	4	20	19	44	0	53	45	B	—1 4	+0 10
apo. ☾ en □ avec apo. ☉		22	10	24	16	5	3	20	38	2	0	48	B	—0 58	—0 1
	Iuillet	18	10	18	36	9	0	51	22	2	46	10	B	—2 28	—1 14
☾ dans son plus pet. perig. pres de son opp. et de ☊		19	11	20	23	9	16	39	55	1	25	35	B	—2 31	—0 47
		20	12	25	57	10	2	31	40	0	0	47	A	—0 43	+1 29
☾ en octans	1740 Fev.	8	9	19	53	3	7	38	4	1	23	38	A	+3 58	—1 10
☾ en □ dans son pl. gr. apog	Mai.	3	6	15	45	4	12	41	52	2	17	2	B	+4 46	+0 56
		5	7	45	56	5	7	10	27	3	57	47	B	+3 47	+1 13
		6	8	32	53	5	19	35	20	4	33	24	B	+5 59	+0 37
apo. ☾ en □ avec ap. ☉		7	9	12	13	6	2	15	38	4	56	10	B	+3 24	+0 20
☾ en octans et dans sa distan. moienne	Iuillet	5	8	46	0	7	26	59	39	3	53	44	B	—3 19	—1 45
☾ dans sa dist. moy.	1741 Ianv.	26	8	13	0	2	10	40	49	2	5	56	A	+2 23	—0 13
☾ vers l'octans		27	9	5	31	2	24	2	0	0	56	3	A	+2 40	—0 42
☾ en □ pres du ☊ et dans sa dist. moienne	Mars	23	5	49	5	2	28	38	43	0	6	23	A	+4 6	—1 19
☾ en ☌ pres de son apog.		31	12	1	50	6	8	36	32	4	56	38	B	+3 18	—1 58
	Avril	24	7	54	39	4	27	44	51	4	28	3	B	+4 48	—0 3
	Aout	3	18	1	57	1	14	49	23	3	17	5	A	—2 2	—0 35
☾ vers les plus gr. limites et sa □	Decemb.	14	5	26	6	11	11	26	17	5	15	4	A	—2 28	+1 12
		15	6	15	31	11	25	49	31	5	20	40	A	—1 57	+0 38
apo. ☾ en □ avec apo ☉	1742 Ian.	15	7	32	30	1	20	0	47	2	13	35	A	+1 39	+0 7
☾ pres du perigee	Fevr.	11	5	29	15	1	15	39	47	2	21	22	A	—1 4	+0 44
☾ pres de son oppos.		18	11	54	58	4	23	30	22	4	43	24	B	+0 51	—0 9

Circonstances où la Lune s'est trouvée le jour de l'observation	Moment des observations reduit en tems moien					Longitude de la Lune observée				Latitude de la Lune observée				Erreurs des Tables tirées des formules précedentes	
		I.	H.	M.	S.	S.	D.	M.	S.	D.	M.	S.		Longit.	Latitud.
☽ dans sa plus pet. inclin.	1742 Mars	19	11	22	58	5	14	52	30	5	0	21	B	+1 13	—0 36
☽ en opposition		20	12	5	11	5	27	29	16	4	47	48	B	+0 46	—1 24
		21	12	46	2	6	9	56	5	4	20	44	B	—0 54	—1 10
apo. ☽ en ☍ avec ☉	Avril	29	20	18	16	11	9	0	57	5	13	37	A	—2 5	—0 21
☽ dans son ☋	Iuin	16	10	57	37	8	11	1	45	0	20	36	A	—0 17	—1 18
☽ dans ses gr. limit. et sa dist. moy.	Decemb.	3	4	59	2	10	22	54	45	5	15	29	A	—2 4	+0 2
☽ en □ avec ☉ et l'apo. ☉	1743 Ian.	3	6	2	56	0	12	59	51	3	34	45	A	—0 11	+0 13
☽ perig. pres de ☋ et de □	Fevr.	2	6	26	45	1	21	34	3	0	14	4	A	+0 54	+1 26
		3	7	22	39	2	6	16	44	1	3	0	B	+2 1	—0 6
☽ perig. en □ avec ☉	Mars	3	6	16	0	2	16	29	5	2	10	26	B	+1 57	—0 50
		4	7	16	56	3	1	12	2	3	15	44	B	+2 53	—0 13
		5	8	18	44	3	15	55	1	4	8	12	B	+2 17	+0 1
		6	9	19	5	4	0	35	4	4	46	1	B	+4 32	—1 33
☽ dans ses limites		8	11	8	47	4	29	27	35	5	0	11	B	+4 58	—0 22
☽ dans sa dist. moy.	Mai	3	8	37	18	5	17	49	9	4	38	21	B	+4 34	—1 23
☽ dans l'oct. son apo. en □ avec celui du ☉	Septembr.	29	9	8	40	10	21	12	6	5	5	47	A	—0 28	—0 9
apo. ☽ en ☌ ☉. ☽ dans sa dist. moy.	1744 Ian.	6	18	20	18	6	22	24	13	1	18	59	B	+2 23	—2 57
apo. ☽ en □ apo. ☉	Avril	22	8	55	49	5	12	15	56	3	56	20	B	+3 56	—0 52
☽ dans l'oct. et sa dist. moy.	Mai	22	9	12	13	6	19	59	42	0	55	24	B	+4 13	—1 8
☽ pres de l'op. au ☉		26	12	25	30	8	13	7	3	3	31	48	A	+0 49	+1 12
	Août	18	8	48	5	9	8	27	6	4	53	19	A	+0 37	+1 42
☽ dans son plus gr. apo.	Novemb.	11	5	45	37	10	13	34	26	4	49	10	A	+1 27	+0 14
☽ pres du perigee	Mai	10	7	50	47	5	14	12	17	2	22	38	B	—4 6	—0 18
☽ perigee	Iuin	7	6	36	27	5	24	20	25	1	21	9	B	+0 44	—1 39
☽ dans l'octans	1746 Ian.	3	8	41	54	1	27	8	29	4	23	9	B	+1 8	—0 37
		14	18	26	33	7	4	35	5	3	9	33	A	+4 40	+0 44
		15	19	19	14	7	19	2	9	4	4	0	A	+1 36	+1 48
☽ en □ vers ses limites	Fevr.	28	6	3	44	2	11	39	9	5	10	35	B	—2 28	—0 57
☽ dans l'octans.	Avr.	2	9	24	0	4	28	51	1	2	11	56	B	—0 41	+0 33
☽ dans l'octans	Iuin	6	15	16	25	10	1	18	45	3	43	37	A	+1 33	0″
☽ vers ses pl. gr. limites	Iuillet	28	8	47	42	8	19	42	44	5	6	51	A	—3 28	+2 9
		29	9	49	31	9	4	11	48	4	51	34	A	+0 56	—1 34
☽ en □ dans ses pl. gr. limit	Septembr	7	17	50	50	2	16	37	55	5	17	4	B	—5 28	—1 28
☽ pres du ☋	1747 Mars	23	9	51	35	4	26	20	17	0	48	23	B	—3 5	+0 16

Comme les differences que l'on vient d'apperce-
voir dans la lifte précedente font en elles mêmes affés
peu confiderables & qu'on pourra facilement faire la correction des elemens qui doit la diminuer j'en laiffe le foin
à ceux qui en voudront prendre la peine, le tems qui me
refte ne me permettant pas d'achever les calculs que ces
operations exigent, non plus que le detail annoncé dans
l'Art. XXVII. de la Iere Partie & quelques legeres corrections
dans mes coefficiens, avec les quelles j'éfpere donner une
précifion à mes Tables qui les rendra de la plus grande
utilité. Je me contente d'autant plus volontiers pour le
préfent des calculs que je viens de donner d'après mes
Tables telles que je les ai conftruites avant d'en pouvoir
rectifier les elemens, qu'outre que ces Tables approchent
déja plus de la nature qu'aucune de celles que je connoiffe, qu'elles fuffifent pour refoudre la queftion propofée
par l'Academie Imperiale, en demontrant qu'il eft inutile
de chercher d'autre caufe des inegalités du mouvement de
la Lune que la feule attraction inverfement proportionelle
aux quarrés des diftances.

Le 6. Dec. 1750. n. ft.

Remarques & additions.

I.

§. 1. En examinant les calculs des latitudes pour les cent lieux de la Lune contenus dans la lifte précedente, je me fuis apperçu d'une defectuofité des Tables fur lesquelles elles ont été calculées ; c'eft que l'équation — 2.'3″ *fin. y* de celles qui donnent la pofition du Noeud, *y* avoit été entierement oubliée, en forte qu'il en peut refulter dans quelques unes des latitudes une erreur de 10 à 12″. Cette omiffion peut être aifément reparée dans tous les lieux calculés fans les recommencer en entier. Mais fi l'on fait attention aux erreurs dont les obfervations de la latitude font fufceptibles, on fera bien eloigné de croire que cette inadvertance ait pù faire un tort confiderable aux calculs précedens.

§. 2. Je dois dire encore à l'occafion des Tables conftruites pour latitude qu'en determinant (2de Partie Art. V & XI) les élemens des Tables qui les donnent, j'ai emploié pour les coefficiens de la valeur de v citée Art. III les valeurs fuivantes $\ddot{\imath}$ ou $i + \frac{1}{2}\gamma = 0,018623$; $a = 0,110059$; $b = 0,003801$; $\mathcal{E} = 0,011755$; $\alpha = 0,022657$; $\gamma = 0,003407$ qui etoient les feules que j'euffe alors, aiant fait ces calculs beaucoup devant les refultats plus exacts dont j'ai fait ufage dans la Iere Partie ; Et comme par ces refultats, on a plus exactement $\ddot{\imath} = 0,018403$; $a = 0,110534$; $b = 0,003792$; $\mathcal{E} = 0,011608$; $\alpha = 0,022332$; $\gamma = 0,003147$. On pourroit faire quelque legere correction aux équations principales de la pofition du Noeud & de la variation de l'Ecliptique de la Lune ; Calcul que je n'ai pas le tems d'achever avant la publi-

cation de cette Piece , quoi qu'il foit affés facile à faire par ce
qu'il n'exige pas qu'on recommence toutes les fubftitutions.

Au refte on peut fans un grand fcrupule negliger entierement cette correction par la méme raifon que nous
venons de rapporter à l'occafion de la petite équation du
Noeud qui avoit été oubliée dans mes Tables.

II.

On a vû , dans les Articles 8 , 9 & 10 de la Iere
Partie , que ceux des termes de l'équation de l'orbite de
la Lune qui font proportionels à des cofinus d'un multiple
de v , dont l'expofant étoit ou très petit ou très peu different
de l'unité , requieroient beaucoup plus d'attention que les autres dans la determination de leur coefficient. Cette attention doit même étre pouffée fi loin en quelques cas que
je fuis obligé d'avouer ici qu' après avoir repeté plufieurs
fois le même calcul pour fixer exactement toutes les équations qui donnent le lieu de la Lune dans fon orbite je
n'ai pas pû me fatisfaire encore entierement fur quelques
unes de ces équations. Mais il faut dire auffi que l'incertitude qui m'eft reftée à l'égard de ces équations ne
roule que fur des differences affés legères dans le fond &
qui toutes prifes enfemble ne montent qu' à un très petit
nombres de minutes , & que les Refultats les plus ecartés
de celui qu'a été expofé ci - deffus font toûjours trop peu
eloignés des obfervations pour jetter le moindre doute fur
la folution que j'ai donné du Prob. propofé par l'Acad.
Impér. de St. Petersbourg.

Mais afin que le lecteur foit en état de juger par lui
même de ces differences de refultats dont je viens de parler , je vais mettre fous fes yeux celui de ces refultats

dont les nombres s'écartent le plus de ceux de l'Art. xxxv. Iere Partie.

Ce refultat que j'avois calculé avant celui de l'Art. xxxv. ne m'avoit pas parû devoir le balancer lorfque j'ai envoïé la piece précedente, à caufe d'une faute de calcul que j'y avois apperçue & dont je n'avois eu le tems de connoitre qu'une partie de l'effet. J'étois même d'autant plus porté à croire que la faute dont je parle donnoit de l'inferiorité au refultat où elle s'etoit trouvée & le devoit faire rejetter que je voyois le fecond plus près en général des obfervations que n'étoit le premier. J'ai decouvert depuis que la faute en queftion n'influoit point ou que d'une maniere infenfible fur les termes qui differoient dans les deux refultats.

III.

Equations du mouvement de la Lune telles qu'elles refultoient de l'operation dont on vient de parler.

§. 1. Tous les termes affectés des finus de y, $2y$, $3y$, $2t$, $4t$, $2t-y$, $4t-2y$, $3y-2t$, $2t-2y$, $2t+y$, $4t-y$ differoient fi peu de ceux que j'ai trouvé dans l'operation fubfequente, c'eft-à-dire dans celle dont les refultats font donnés Art. xxxv. de la Iere Partie, que lors qu'il fut queftion d'emploier ces derniers je ne crus pas neceffaire de rien changer aux Tables dreffées fur les premiers, puisque je n'avois par ma feconde operation que des corrections de deux ou trois fecondes.

§. 2. Quant aux termes où z entre, voici ce qu'ils étoient dans ce premier calcul

$$+10' 39'' \, Sin.z + 2'25'' \, Sin.(y-z) + 3',28' \, Sin.(2t-y-z) - 2'45'' \, Sin.(2t-z) + 20'' \, Sin.(2t-2y+2z)$$
$$-1\ 49 \, Sin.(y+z) - 0\ 27 \, Sin.(2t-y+z) + 0\ 23 \, Sin.(2t+z)$$
$$+20'' \, Sin.(2t-z+y) - 12'' \, Sin.(2t-z-2y) - 11 \, Sin.(2y-z)$$

dans lesquels on voit que les plus grandes différences tombent 1° sur le terme affecté de $\textit{sin.} z$ qui s'écarte de celui de l'Art. xxxv. de près d'une minute. 2°. Sur l'équation affectée de $2z$ qui s'est trouvée de $21''$ dans la seconde operation & qui avoit été negligée dans la Iere. 3° sur le terme $+20''\textit{sin.}(2t-2y+2z)$ qui n'a pas eu lieu dans la 2de operation. 4° sur le terme $22''\textit{sin.}(2t-2y+z)$ qui est venu dans la 2de operation & qui avoit été si petit dans la Iere qu'on l'avoit entierement negligé.

§. 3. Les termes où entre la parallaxe du Soleil c'est-à-dire ceux qui sont affectés de $\textit{sin.} t$, $\textit{sin.}(t-y)$, $\textit{sin.}(t+y)$ $\textit{sin.}(t-y+z)$ étoient $-3'41''\textit{sin.} t-52''\textit{sin.}(t-y)+15''\textit{sin.}(t+y)-3''\textit{sin.}(t-y+z)$ dont le dernier terme avoit paru si petit qu'il avoit été entierement negligé , & dont le premier differoit de près de 2 minutes de ce qu'il s'est trouvé dans la seconde operation.

§. 4. Pour les termes affectés de ω qui sont ceux où entre la position du Noeud, il n'ont pas été recommencés lorsque j'ai fait l'operation sur laquelle ont été fondées les formules de l'Art. xxxv. déja cité. Mais comme par une anciene operation anterieure encore à celle dont je viens d'exposer les resultats, les coefficiens ne s'etoient trouvés qu'à 8 ou 10 secondes de ce qu'ils ont été calculés une seconde fois, & que même cette différence étoit venue en emploiant quelques termes auxquels je n'avois pas fait attention la Iere fois, je crus surperflus de les calculer une troisieme.

IV.

§. 1. Les erreurs des Tables calculées d'après ces formules font en général un peu plus grandes que celles qui refultent des fecondes Tables & qui ont été expofées dans le Scholie général, ainfi qu'on peut s'en affurer en jettant les yeux fur la Table de ces erreurs placée dans cette addition à l'Art. VI.

Cependant après avoir remarqué que dans celle-ci les plus grandes erreurs fe trouvoient dans les obfervations où l'anomalie moiene de la Lune étoit la plus grande, j'ai vû qu'elles pouvoient etre diminuées affés fenfiblement & même plus que celle de l' Art. xxxv. en rendant l'excentricité de l'orbite de la Lune un peu plus petite que je ne l'avois fupofée.

§. 2. Pour determiner plus facilement le changement à faire dans l'excentricité j'ai rangé toutes les obfervations que j'avois par l'ordre de leurs anomalies aulieu de celui des dattes. J'ai mis dans une prémiere colomne la fomme de toutes les équations donnés dans chaque obfervation prifes toutes avec leurs fignes en obfervant feulement d'en retrancher les équations placées fous l'argument t qui ne dependant point, ou du moins dependant très peu de l'excentricité n'ont point de correction à fubir par le changement qu'on peut faire à cet element. Mettant enfuite dans une feconde colomne les erreurs de mes Tables, il étoit affés facile de voir la correction à faire à l'excentricité fuppofée, pour rendre les Tables plus conformes aux obfervations.

§. 3. Par ce moien j'ai trouvé qu'une diminution de $\frac{1}{171}$ à l'excentricité & qui par confequent la reduiroit de 0,05505 à 0,05472 étoit çe qui convenoit le mieux aux cent obfervations que j'avois à comparer avec les lieux calculés par mes Tables. Il m'a paru auffi que ces mêmes obfervations s'accorderoient mieux avec la Theorie en ajoutant 40" à l'epoque des lieux moiens de la Lune.

§. 4.

§. 4. Comme de toutes les équations rapportées dans l'Art. II. de cette addition, celles qui different le plus des équations données Art. xxxv. & fur lesquelles il eſt le plus difficile de ne ſe pas tromper dans les quantités negligées, font celles qui dependent de la parallaxe du Soleil; j'ai examiné ces dernieres & j'ai trouvé qu'en faifant attention à quelques circonſtances que j'avois oubliées parmi lesquelles font l'introduction des termes affectés de *ſin.* $\frac{1}{n}v$, & *ſin.* $(\frac{1}{n}-m)v$ dans la valeur de $\frac{1}{r}$ & de t avant de les ſubſtituer dans Ω, & l'examen de ce que peut apporter la petite alteration à l'orbite de la terre cauſée par celle de la Lune, j'ai trouvé dis - je par toutes ces confiderations, que l'équation $37''$ *ſin.* $(t+z-y)$ s'evanouiſſoit presqu'entierement ainſi que l'équation $52''$ *ſin.* $t-y$ qui ſe reduiſoit à $-4''$ *ſin.* $t-y$. Quant à l'équation proportionelle au *ſinus* de t elle m'a paru devoir être comme dans la Iᵉʳᵉ operation d'environ $3'\,40''$. Mais j'avouerai cependant que je n'ai pas mis le même foin dans les calculs de cette derniere opération que dans celle que j'avois faite auparavant. Et ce n'eſt que la confirmation que les Obſervations femblent donner à ces équations qui m'engage à les publier fans en avoir recommencé les calculs, travail que je fuis obligé de remettre à un autre tems.

V.

Equations du mouvement de la Lune de l'Art. II. de cette addition corrigées d'après les remarques de l'Art. précedent.

$$x = 6°\,17'\,44''\,ſin.\,y - 3'\,40''\,ſin.\,t - 1°\,16'\,19''\,ſin.(2t-y) - 0'\,4''\,ſin.(t-y) + 15''\,ſin.(t+y) - 1'\,4''\,ſin.(4t-y) - 3'\,18''\,ſin.(2t+y)$$
$$+\,1\,2\,58\,ſin.\,3y + 39\,54\,ſin.\,2t + 43\,ſin.(4t-2y) + 2\,13\,ſin.(2t-2y) + 9\,ſin.(2t+2y) \qquad - 18''\,ſin.(2t-3y)$$
$$-\,3\,19\,ſin.\,3y + 27\,ſin.\,4t$$
$$+\,10''\,36''\,ſin.\,z + 2'\,14''\,ſin.(y-z) - 2'\,44''\,ſin.(2t-z) + 1'\,27''\,ſin.(2t-y-z) + 10''\,ſin.(2t-3y+2z)$$
$$-\,1\,41\,ſin.(y+z) + 0\,23\,ſin.(2t+z) - 0\,27\,ſin.(2t-y+z)$$
$$+\,10''\,ſin.(2t-z+y) - 12''\,ſin.(2t-z-2y) - 1\,1''\,ſin.(2y-z) - 1'\,21''\,ſin.\,2u + 1'\,29''\,ſin.(2u+2t-y) + 1'\,12''\,ſin.(2u+2t-y)$$

M

VI.

Comparaiſon des differens reſultats précedens avec les obſer-vations ci - deſſus rapportées.

L'ordre de ces obſervations n'eſt plus ici celui des dattes, mais celui des anomalies moiennes de la Lune, on a eu ſoin ſeulement de mettre le jour de l'obſervation à coté afin de reconnoitre chaque obſervation ; à coté de la colomne des anomalies, on a placé celle de la ſomme des équations reduites en obſervant d'en retrancher celles qui ſont ſous l'argument *ſ* par la raiſon rapportée Art. IV. §. 2.

Les trois colomnes ſuivantes ſont 1° les erreurs de la Theorie donnée dans la piece précedente, 2°. Les erreurs dont il eſt parlé Art. III. §. 1. c'eſt-à-dire celle des Tables que j'avois calculées avant celles dont il eſt fait mention dans le Scholie général du memoire précedent. 3°. Les erreurs des Tables fondées ſur les formules de l'Art. précedent.

Dattes des Observations	Anomal. moyen. de la Lune	Equat. propor a l'Ex-centr.	Err. des Tab. de l'art 35 1.Part.	Err. des Tab. de l'art 3 preced.	Err. des Tab de l'art 5 preced.
	S. D. M.	D. M.	M. S.	M. S.	M. S.
4 Dec. 1737	0 6 11	0 36	+ 1 5	— 0 31	+ 0 23
1 Ian. 1738	0 11 17	0 8	+ 3 6	— 0 39	+ 0 40
11 Mars 1741	0 15 5	— 1 22	+ 3 18	— 1 17	+ 0 3
5 Dec. 1737	0 19 39	— 0 57	+ 1 51	+ 0 46	+ 2 13
5 Mai 1740	0 21 19	— 1 33	+ 3 47	— 0 26	+ 1 34
26 Fev. 1738	0 21 27	— 2 33	— 0 21	— 3 23	— 1 4
2 Ian. 1738	0 24 46	— 1 11	+ 2 1	— 0 11	+ 1 34
16 Iun. 1742	0 29 13	— 2 3	— 0 17	— 2 54	— 1 0
6 Mai 1740	1 4 48	— 2 36	+ 5 39	+ 1 45	+ 4 8
3 Ian. 1738	1 8 16	— 2 27	+ 1 17	+ 0 54	+ 3 7
7 Sept. 1746	1 15 19	— 4 49	+ 6 12	— 0 47	+ 0 58
7 Dec. 1737	1 16 39	— 3 50	+ 1 57	+ 1 33	+ 2 2
11 Fev. 1739	1 17 31	— 3 25	+ 0 54	— 1 34	+ 0 59
22 Iuil. 1737	1 18 3	— 3 85	— 2 52	+ 1 10	— 1 51
7 Mai 1740	1 18 14	— 3 33	+ 3 24	— 1 3	+ 1 39
29 Sept. 1743	1 18 47	— 3 34	— 0 28	— 2 7	+ 0 36
4 Ian. 1738	1 21 47	— 3 36	+ 1 6	— 0 22	+ 1 40
11 Mars 1739	1 22 36	— 3 57	— 1 4	— 4 36	— 1 21
8 Ian. 1746	1 23 17	— 3 57	+ 1 8	— 0 50	+ 1 33
25 Ian. 1739	1 25 54	— 4 45	— 2 27	— 2 13	+ 0 24
8 Dec. 1737	2 0 10	— 5 0	— 0 25	— 0 38	+ 1 17
22 Fev. 1735	2 1 1	— 4 26	— 0 52	— 3 0	— 0 4
28 Fev. 1746	2 3 29	— 6 23	— 2 28	— 4 56	— 1 14
22 Mars 1739	2 6 6	— 5 42	— 0 58	— 4 14	— 0 7
29 Mars 1738	2 7 4	— 6 18	— 2 44	— 6 10	— 2 44
2 Dec. 1738	2 12 37	— 7 7	— 2 48	— 1 7	+ 1 45
30 Mars 1738	2 20 36	— 6 37	— 3 34	— 6 21	— 2 49
5 Dec. 1742	2 27 1	— 7 23	— 2 4	— 4 58	— 1 51
24 Fev. 1739	2 28 0	— 5 42	— 1 13	— 2 42	+ 0 40
7 Ian. 1738	3 2 22	— 5 40	— 3 13	— 1 4	— 0 40
31 Mars 1738	3 4 8	— 6 36	— 3 18	— 6 34	— 3 3
23 Mars 1747	3 4 46	— 6 2	— 3 5	— 6 8	— 2 41
5 Iuil. 1740	3 8 49	— 6 14	— 3 19	— 5 5	— 2 43
25 Fev. 1739	3 11 30	— 5 50	— 1 25	— 2 40	+ 0 46
4 Mars 1738	3 12 35	— 5 30	— 2 1	— 4 6	— 0 46
1 Avr. 1738	3 27 40	— 6 13	— 1 14	— 7 10	— 3 47
5 Fev. 1738	3 21 2	— 5 1	— 0 47	— 4 44	+ 1 29
26 Fev. 1739	3 25 0	— 5 39	— 0 51	— 1 54	+ 1 20
7 Iuil. 1737	4 4 11	— 4 46	+ 0 41	+ 1 26	+ 3 0
29 Avr. 1742	4 7 10	— 6 25	— 2 3	— 1 59	— 0 5
27 Fev. 1739	4 8 30	— 5 9	— 1 17	— 2 17	+ 0 56
8 Ian. 1743	4 12 37	— 6 3	— 0 11	— 2 89	— 0 20
2 Avr. 1746	4 16 27	— 5 32	— 0 41	— 2 19	+ 0 23
28 Fev. 1739	4 22 2	— 4 21	— 0 34	— 1 11	+ 1 45
14 Dec. 1741	4 22 25	— 4 28	+ 2 54	— 4 7	— 2 35
15 Dec. 1743	5 6 46	— 3 30	— 0 57	— 3 38	— 2 27
2 Fev. 1743	5 14 47	— 2 44	+ 0 54	— 1 16	— 0 21
18 Iuil. 1739	5 17 43	— 2 3	— 2 28	— 1 45	— 0 32
7 Iuin 1737	5 25 9	— 1 58	+ 5 8	+ 3 28	+ 4 5
8 Fev. 1743	5 28 21	— 1 26	+ 2 1	+ 0 2	+ 0 22

Dattes des Observations	Anomal. moyen. de la Lune	Equat. propor a l'Ex-centr.	Err. des Tab. de l'art 35 1.Part.	Err. des Tab. de l'art 3 preced.	Err. des Tab de l'art 5 preced.
	S. D. M.	D. M.	M. S.	M. S.	M. S.
19 Iuil. 1739	6 1 53	— 0 12	— 2 31	— 2 4	+ 0 2
10 Mai 1745	6 3 21	— 1 23	— 4 6	+ 1 25	+ 1 49
3 Mars 1743	6 3 34	+ 0 9	+ 1 57	— 0 13	— 0 24
10 Mars 1738	6 3 53	+ 1 21	+ 0 18	— 0 1	+ 0 53
7 Iuin 1745	6 3 30	+ 0 49	+ 3 44	— 0 5	— 0 27
11 Fev. 1742	6 13 7	+ 2 7	— 1 4	— 2 55	— 3 46
20 Iuil. 1739	6 15 0	+ 1 39	— 0 43	— 0 2	— 0 7
27 Iuil. 1738	6 15 55	+ 0 3	— 1 41	— 0 17	— 0 14
4 Mars 1743	6 19 11	+ 1 26	+ 2 53	+ 0 53	+ 0 15
15 Ian. 1742	6 21 29	+ 1 50	+ 1 39	+ 0 12	— 0 2
14 Ian. 1746	6 22 18	+ 2 43	+ 4 40	+ 3 39	+ 4 8
7 Iuil. 1737	6 25 25	+ 2 10	+ 3 3	+ 3 55	+ 3 1
5 Mars 1743	7 0 43	+ 2 35	+ 2 17	+ 0 22	— 0 39
3 Aout 1741	7 1 28	+ 4 17	— 2 2	— 1 11	— 0 19
15 Ian. 1746	7 5 51	+ 3 44	+ 1 36	+ 2 31	— 1 51
22 Avr. 1744	7 10 5	+ 3 26	+ 3 56	+ 2 43	+ 1 22
6 Mars 1743	7 14 25	+ 3 36	+ 4 32	+ 3 2	— 1 14
28 Iuil. 1746	7 14 43	+ 4 26	— 3 28	— 1 58	— 3 39
17 Nov. 1738	7 20 17	+ 6 2	— 2 35	— 1 55	— 3 50
29 Iuil. 1746	7 28 21	+ 4 52	+ 0 56	+ 2 53	+ 1 3
7 Aout 1737	8 11 18	+ 4 57	+ 1 36	— 3 32	+ 1 43
8 Mars 1743	8 11 33	+ 4 43	+ 4 59	+ 4 16	+ 2 17
22 Mai 1744	8 12 9	+ 5 49	+ 4 13	+ 3 28	+ 1 24
26 Ian. 1741	8 16 51	+ 6 40	+ 2 23	+ 1 49	— 0 37
3 Mai 1743	8 23 49	+ 6 43	+ 4 34	— 1 8	— 3 15
3 Aout 1737	8 24 51	+ 5 44	+ 1 16	+ 3 29	+ 0 24
23 Mars 1741	8 27 51	+ 7 22	+ 4 6	+ 1 8	— 0 47
6 Ian. 1744	8 27 13	+ 7 36	+ 2 23	+ 4 54	+ 2 55
6 Iuin 1746	8 28 52	+ 5 49	+ 1 33	+ 2 40	+ 0 4
27 Ian. 1741	9 0 23	+ 6 31	+ 2 40	+ 2 14	+ 0 7
18 Fev. 1742	9 18 4	+ 4 47	+ 0 51	+ 0 33	— 3 1
29 Nov. 1737	9 28 55	+ 6 29	+ 2 44	+ 0 15	— 0 57
11 Fev. 1739	9 29 34	+ 5 19	+ 3 11	— 0 5	— 0 32
16 Mai 1744	10 6 10	+ 3 47	+ 0 49	+ 1 39	+ 0 1
19 Mars 1742	10 6 40	+ 4 23	+ 1 13	+ 0 11	— 1 9
14 Mars 1739	10 18 8	+ 3 15	+ 3 41	— 0 20	+ 0 2
20 Mars 1742	10 20 7	+ 3 6	+ 2 46	— 0 4	— 0 58
18 Ian. 1739	10 21 26	+ 4 54	+ 1 47	— 0 37	— 1 13
18 Aout 1744	10 21 39	+ 5 0	+ 0 37	+ 0 22	— 0 3
8 Fev. 1740	10 25 31	+ 3 42	+ 3 58	+ 1 43	+ 1 14
24 Av. 1741	10 26 24	+ 4 0	+ 4 48	+ 1 54	+ 1 39
15 Fev. 1739	10 26 31	+ 3 48	+ 2 20	— 0 49	— 0 49
16 Iuil. 1737	10 27 10	+ 2 35	— 4 43	— 1 3	— 2 4
21 Mars 1742	11 3 33	+ 1 38	— 0 54	— 1 27	— 1 46
29 Ian. 1739	11 4 54	+ 3 45	+ 1 55	— 0 1	— 0 30
2 Dec. 1737	11 9 16	+ 3 30	+ 3 0	+ 1 11	+ 2 4
25 Avr. 1741	11 9 51	+ 3 45	+ 5 4	+ 1 25	+ 1 29
11 Nov. 1744	11 20 31	+ 0 49	+ 1 27	— 0 43	+ 0 28
3 Mai 1740	11 24 22	+ 0 39	+ 4 46	+ 0 32	— 1 57
7 Mars 1739	11 28 36	+ 0 18	+ 0 57	— 2 51	— 1 27

VII.

On reconnoit facilement à la seule infpection des trois dernierés colomnes de la Table précedente que les erreurs des Tables calculées d'après les formules de l'Art. V. de cette addition font les moindres de toutes, enforte que fi l'on s'en tenoit aux cent obfervations précedentes qui font les feules que j'aie calculées on fe decideroit en faveur de ces formules. Mais outre qu'il faudroit ce me femble un plus grand nombre d'obfervations pour être affuré que ces formules font les plus proches de la Nature, & que l'excentricité eft telle que je l'ai faite, je pecherois entierement contre l'Efprit de la methode que je me fuis prefcrite jusqu'ici de n'emprunter des obfervations que les elemens neceffaires du probleme & de tirer tout le refte du feul principe de la Gravitation univerfelle; il n'y a donc pour chaffer la legere incertitude qui refte fur quelques unes des équations précedentes qu'une nouvelle operation où l'on ait encore plus d'attention aux petites quantités negligées. Ce calcul que je me promets de refaire, fi perfonne n'en prend la peine, peut être executé par tout Geometre qui aura lu la piece précedente. Mais je repeterai ici que le motif qui doit le faire entreprendre n'eft pas la neceffité de fe delivrer d'aucun doute fur la caufe des mouvemens de la Lune qui eft fuffifament reconnue et prouvée par ce qui précede; ce doit etre le but d'arriver à des Tables plus exactes encore que les précedentes, & telles que l'Aftronomie & la Navigation en pourroient retirer les plus grands fecours.

FIN.

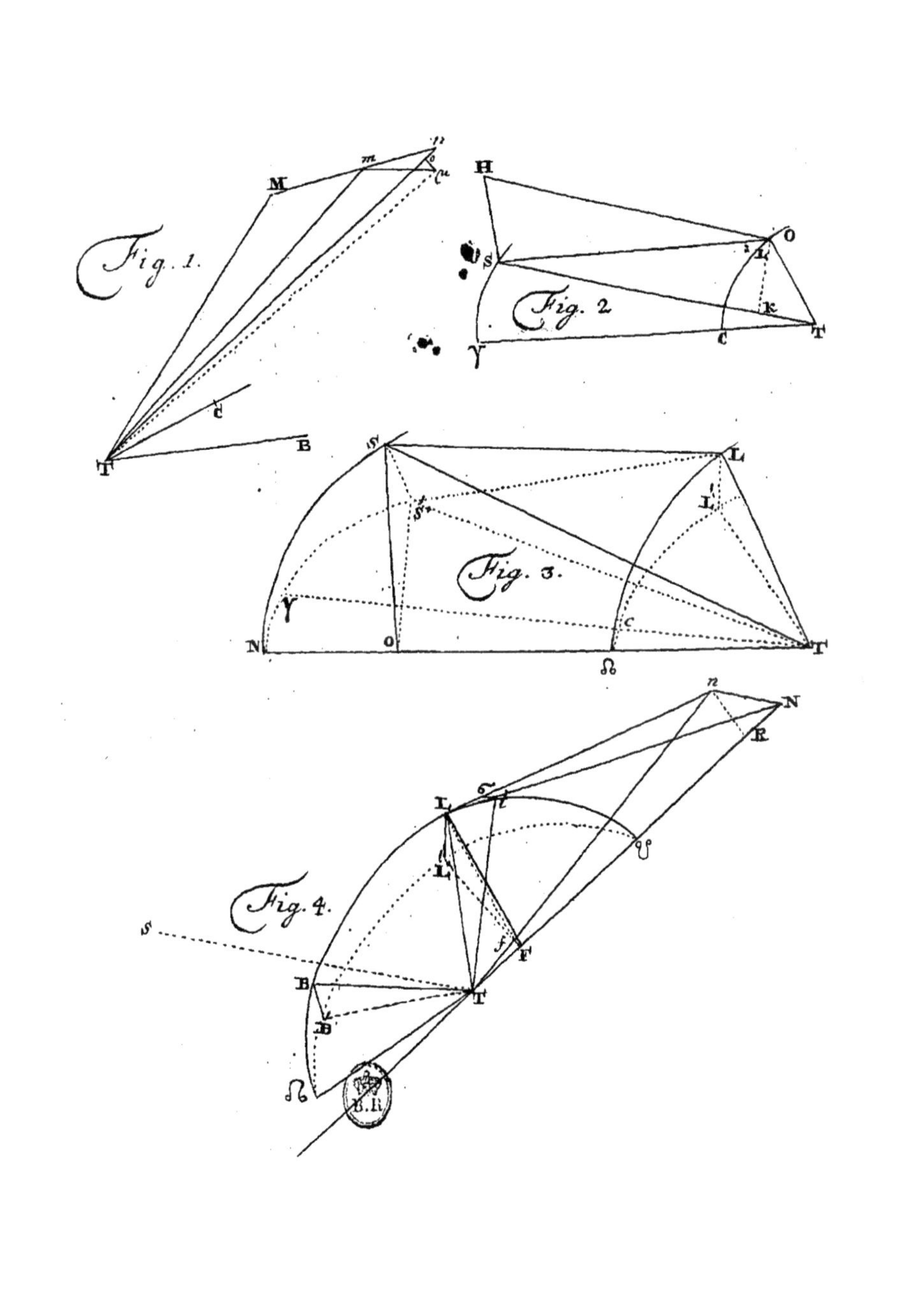
Fig. 1.
Fig. 2.
Fig. 3.
Fig. 4.

www.ingramcontent.com/pod-product-compliance
Ingram Content Group UK Ltd.
Pitfield, Milton Keynes, MK11 3LW, UK
UKHW020021100726
13658UKWH00003B/1024